Toolbox zur Konfliktlösung

Rolf Schulz

Toolbox zur
Konfliktlösung

Konflikte schnell erkennen und
erfolgreich bewältigen

Für meine Eltern

1. Auflage 2010

© Eichborn AG, Frankfurt am Main, 2007/2010
Umschlaggestaltung: Christina Hucke
Lektorat: Friederike Mannsperger
Satz: Oliver Schmitt
Druck und Bindung: Fuldaer Verlagsanstalt, Fulda
ISBN 978-3-8218-5727-5

Eichborn Verlag, Kaiserstraße 66, 60329 Frankfurt am Main
Mehr Informationen zu Büchern und Hörbüchern aus dem Eichborn Verlag
finden Sie unter www.eichborn.de

Inhalt

Vorwort zur Neuausgabe

Dass ein Buch neu aufgelegt wird, ist für den Autor Grund zur Freude. Das Konzept hat sich bewährt und Sie, die Leser, haben das Buch angenommen.

Wenn dann noch die Stiftung Warentest das Buch zum »Testsieger« kürt, wird die Freude noch größer. Dies vor allem deshalb, weil Bücher zu diesem Thema normalerweise nicht zu Topsellern werden. Eine Bewertung durch eine unabhängige Instanz stellt somit eine außergewöhnliche Wertschätzung dar.

Die zweite Auflage wurde überarbeitet und um das Kapitel »Konflikte in Unternehmen« erweitert. Ansonsten habe ich das bewährte und »ausgezeichnete« Konzept natürlich beibehalten.

Rolf Schulz, im Mai 2010

Vorwort

Das vorliegende Buch ist eine Essenz aus fast 15 Jahren Tätigkeit im Bereich Konfliktmanagement und Konfliktlösung. In dieser Zeit habe ich zahlreiche Seminare und Trainings zu diesem Thema geleitet. Auch in Coachings ist das Thema Konfliktlösung immer wieder präsent. Insofern habe ich es leicht gehabt, denn es galt, die Erfahrungen dieser Jahre einfach nur zusammenzufassen und zu Papier zu bringen.

Deshalb gebührt an dieser Stelle ein Dank an all die Teilnehmer aus Trainings und Coachings, die mir durch ihre Fragen und Anregungen den Stoff zu diesem Buch geliefert haben.

Danke auch an Uwe Jant, der mir den letzten Schubs gegeben hat, dieses Buch zu schreiben, und der durch zahlreiche Supervisionen und seine Erfahrung maßgeblich zur Qualität dieses Buches beigetragen hat.

Niedergeschrieben habe ich den ersten Teil dieses Buches im Rahmen eines sogenannten Urlaubs auf einem Bauernhof. Lieben Dank an Emilia, Felicia und Robin für ihr Verständnis und an Evelyn für ihre Unterstützung.

Ich habe im vorliegenden Buch bewusst auf die Unterscheidungen nach männlich und weiblich verzichtet und durchgehend die männliche Form gewählt. Nicht weil ich glaube, es gäbe keine unterschiedlichen Vorgehensweisen von Mann und Frau in Konflikten. Im Gegenteil, lesen Sie dazu Kapitel 3, S. 61. Ich habe darauf verzichtet, weil ich Schreibweisen wie beispielsweise *KollegInnen* oder *KonfliktvermeiderInnen* vollkommen abstrus finde. Ich glaube auch, dass die vielen erfolgreichen und selbstbewussten Frauen, die ich in den letzten 15 Jahren im beruflichen Kontext erleben durfte, es nicht brauchen und es selbst albern finden.

Die Beispiele im Buch stammen alle aus realen Konfliktfällen, sind aber so verändert, dass eine Verbindung zu den realen Fällen nicht möglich ist.

Einleitung

Sie kennen wahrscheinlich den Spruch: »*Wenn mein einziges Werkzeug ein Hammer ist, sieht jedes Problem wie ein Nagel aus.*«[1] So witzig dieses Zitat von Abraham Maslow auch sein mag, in ihm steckt jede Menge Wahrheit.

Manchmal können wir erleben, dass Menschen im Vorbeigehen einem anderen eine Bemerkung »reindrücken«, die verletzen kann oder den anderen zumindest fassungslos zurücklässt. Nach meiner Erfahrung geschieht dies in den allermeisten Fällen nicht mit Absicht. Der Grund ist vielmehr, dass man schon lange auf eine gute Gelegenheit für eine Aussprache gewartet hat. Diese kommt aber meist just in dem Moment, in dem man nicht damit rechnet, und um die Chance nicht verstreichen zu lassen, redet man einfach drauflos.

In aller Regel sind diese Gespräche also gar nicht oder nur schlecht vorbereitet. Man redet, wie einem der Schnabel gewachsen ist, oder – anders formuliert – man wählt unbewusst aus den individuell zur Verfügung stehenden kommunikativen Werkzeugen eines aus. Häufiges Ergebnis dieser Auswahl: der Hammer – mit den entsprechenden Folgen.

Um Ihre Wahlmöglichkeiten zu erweitern und Ihre Konfliktlösungskompetenz zu erhöhen, stellt Ihnen die Toolbox zur Konfliktlösung mehrere Werkzeuge zur Verfügung. Diese sollen Sie unterstützen, die jeweiligen Konfliktsituationen zu unterscheiden, das richtige Werkzeug auszuwählen und anzuwenden. Natürlich fehlt es auch nicht an einer Unterscheidung der möglichen Konflikte und an einer Erläuterung des *Warum* und *Weshalb*.

Vielleicht haben Sie sich nach hitzigen Gesprächen auch schon einmal gefragt: »*Was mache ich bloß, wenn ich meinen Kollegen das nächste Mal treffe? Oder sollte ich ihn nach unserer hitzigen Diskussion nicht einfach meiden in den kommenden Tagen?*«

In solchen Situationen wissen wir manchmal nicht, wie wir vorgehen sollen. Gehen wir das Problem direkt an, versuchen wir, es einfach zu verdrängen, oder hoffen wir, dass es von alleine besser wird, getreu dem Motto: Die Zeit heilt alle Wunden?

Menschen, die Konflikte scheuen, gehen in aller Regel solchen Situationen aus dem Weg. Nicht, weil sie die knisternde Spannung nicht spüren würden, sondern schlicht und ergreifend deshalb, weil sie nicht wissen, wie sie es anpacken sollen. Dass wir Konfliktgespräche meiden, liegt in der Natur der Sache. Selbst Menschen, die es nicht so sehr mit der Harmonie haben, gehen mit einem gewissen Maß an Skepsis in solche Gespräche. Und das aus gutem Grund, man weiß nämlich nie, ob es nicht schlimmer wird.

Was soll man tun?

Wenn Sie zwei Menschen über den effektiven Umgang mit Konflikten befragen, erhalten Sie mindestens drei Antworten. Ein guter Freund machte diesbezüglich die kurze und trockene Bemerkung: »Wenn du mehr über Konfliktlösung lernen willst, dann schau doch einfach einen Film mit Bud Spencer an.«

Es gibt viele Bücher zum Thema Konfliktmanagement, dort wird meist wissenschaftlich umfassend erklärt, wie Konflikte »gemanagt« werden sollten. Im vorliegenden Buch geht es nicht um Wissenschaftlichkeit, sondern darum, wie man vorgehen sollte, welche Fettnäpfe es zu vermeiden gilt und wie man sein eigenes Konfliktverhalten verbessern kann.

Das Buch ist also keine wissenschaftliche Abhandlung. Es will vielmehr anhand von Beispielen aus der Praxis einen konkreten Einblick geben, um dadurch das Verständnis zu erhöhen.

Dieses Buch versucht nicht, Sie zu einem besseren Menschen zu machen. Den perfekten Mitarbeiter, die ideale Führungskraft gibt es ohnehin nicht. Es geht vielmehr darum, Ihnen Handwerkszeug für das Berufsleben, eine Werkzeugkiste, an die Hand zu geben mit einer genauen Beschreibung über Einsatzmöglichkeiten und Handhabung der einzelnen Tools.

Vergleicht man Techniken zur Konfliktlösung mit Werkzeugen, wie wir es hier tun, dann wird der Mensch zu einem Werkstück, also berechenbar. Der Mensch ist aber – im positiven Sinne – unberechenbar. Dies gilt umso mehr, da wir hier Menschen in beruflichen Konfliktsituationen in den Fokus nehmen. Zu den unterschiedlichen Sichtweisen und »Wahrheiten« der Menschen selbst kommen noch die Unwägbarkeiten der jeweiligen Organisation hinzu. Dies macht eine Vorhersage menschlichen Verhaltens in Konfliktsituationen quasi unmöglich. Trotzdem ist dieses Buch hier angetreten, Licht in das Dunkel der Konflikte zu bringen.

Folgende Fragen stehen im Mittelpunkt:

- ▸ Wie entstehen Konflikte?
- ▸ Was unterscheidet Konflikte von Meinungsverschiedenheiten?
- ▸ Was kann ich tun, um Konflikte zu lösen?
- ▸ Wie gehe ich genau vor, wenn ich einen Konflikt mit einem Kollegen habe oder mit einem Mitarbeiter oder gar mit meinem Chef?
- ▸ Wie gehe ich vor, wenn zwei meiner Mitarbeiter oder Kollegen einen Konflikt miteinander haben und ich schlichten soll?
- ▸ Wie kann ich in solchen Situationen besser werden?

Es gibt aus meiner Sicht zwei verschiedene Möglichkeiten, dieses Buch zu lesen:

Entweder Sie öffnen gleich die Toolbox und steigen ab Kapitel 4 in die Lektüre ein: Nach einem Überblick über die verschiedenen Konfliktarten (Kapitel 4) folgt eine genaue Beschreibung der einzelnen Werkzeuge mit zahlreichen Beispielen (Kapitel 5–8).

Oder Sie lesen in den Kapiteln 5–8 nur die Erklärungen und Beispiele zu den speziellen Techniken, die Sie gerade einsetzen wollen, und profitieren dann von den Hintergrundinformationen zu Entstehung, Verlauf und Eigenschaften von Konflikten und deren Einbettung in die Kommunikationstheorie (Kapitel 1–3).

Auf jeden Fall wünsche ich Ihnen viel Spaß dabei.

Ihr *Rolf Schulz*

1

Was sind Konflikte?

Wenn man Konflikte verstehen will, reicht es nicht zu wissen, wie sie auftreten oder was sie unterscheidet. Die entscheidende Herausforderung besteht darin, dieses Wissen, das man im Kopf hat, in den Alltag zu integrieren und in der tatsächlichen Konfliktsituation einzusetzen, um somit Konflikte erfolgreich zu bewältigen.

Die Lösung von Konflikten im (beruflichen) Alltag ist auch deshalb nicht immer einfach, weil sehr häufig einer oder mehrere Beteiligte dem Konflikt ausweichen. Dies wird nicht getan, um den anderen zu ärgern, oder weil man denkt, man wartet mal lieber, bis es richtig knallt. Es ist vielmehr eine mögliche und »natürliche« Reaktion auf sich anbahnende Konflikte. Die Tendenz, Konflikte zu vermeiden, erwächst aus der Hoffnung, es würde sich von alleine wieder geben.

Bringen wir nun etwas Licht in das Dunkel der Konflikte: *Confligere* kommt aus dem Lateinischen und bedeutet auf Deutsch *zusammenstoßen*. Mit anderen Worten: Es steckt Energie darin, und man kann es nicht alleine tun, sondern nur zusammen. Hier liegt – auf der Ebene der Bedeutung – eine nahe Verwandtschaft mit dem deutschen Verb *streiten*. So, wie man nicht einen Konflikt mit sich selbst haben kann (die psychischen Konflikte einmal ausgenommen), kann man auch nicht alleine streiten. Der Satz *»Meine Frau streitet immer mit mir«* ist also per se widersinnig.

Sozialer oder psychischer Konflikt?

Was unterscheidet nun soziale von psychischen Konflikten?
Soziale Konflikte sind durch folgende Faktoren[2] gekennzeichnet:

1. **Mindestens zwei Personen agieren in einer Situation.**
    Für denjenigen, der mit einem anderen Menschen einen Konflikt hat, ist klar, dass der andere beteiligt, wenn nicht gar schuld ist. Getreu dem Motto, man kann alleine nicht streiten, ist jedoch klar, dass mindestens zwei Personen oder Parteien Teil des Konflikts sind.

2. **Jede Partei verfolgt eigene Ziele und Interessen.**

Wenn man in einem Konflikt steckt, ist es manchmal nicht so einfach, sich darüber klar zu werden, dass der andere uns vielleicht gar nicht ärgern will, sondern schlicht und ergreifend eigene Ideen, Ziele und Interessen hat.

3. **Die Parteien sind voneinander abhängig.**

Wenn es zwischen Menschen keine Abhängigkeit gibt, entstehen keine Konflikte. Nehmen wir das Beispiel Stau (vgl. Beispiel 1):

Beispiel 1

Der Autofahrer, der langsam vor mir her fährt, beeinflusst mich, stört mich. Ich bin von ihm abhängig. Hieraus muss natürlich kein Konflikt entstehen, aber wir alle wissen, dass am Ende der Eskalationskette »ärgerlich sein – fluchen – eindeutige Zeichen machen« auch ein handfester Streit stehen kann. Die Schlange auf der Gegenspur beeinflusst mich nur wenig, es entsteht keine Abhängigkeit, also auch kein Konflikt.

4. **Es existiert ein Handlungsspielraum, in dem die Parteien eigene Entscheidungen treffen können.**

Bleiben wir beim Beispiel Autofahren im Stau (vgl. Beispiel 2).

Beispiel 2

Wenn vor dem Fahrzeug, das langsam vor mir her fährt, weitere Fahrzeuge fahren, ist die Wahrscheinlichkeit, dass ich mich über den Fahrer direkt vor mir ärgere, sehr gering. Denn ich weiß ja, dass es ihm genauso geht wie mir, er hat keine andere Wahl, also keinen eigenen Handlungsspielraum.

Das Beispiel eines Nachbarschaftskonflikts veranschaulicht die Faktoren sehr deutlich. Stellen wir uns folgende Situation vor (vgl. Beispiel 3):

Beispiel 3

Familie Huber wohnt direkt neben Familie Gerber. Familie Gerber hat im Garten einen wunderschönen Apfelbaum, der aber Schatten auf die Tomaten von Frau Huber wirft. Frau Huber hat schon mehrfach angefragt, ob der Apfelbaum nicht zurückgeschnitten werden könnte, damit ihre Tomaten mehr Sonne abbekommen. Ohne den gewünschten Erfolg. Herr Gerber hat zwar den Baum etwas zurückgeschnitten, aber natürlich sind die Tomaten immer noch die meiste Zeit im Schatten.

Wir haben hier also den Fall von zwei Parteien, die eigene Ziele und Interessen verfolgen. Beide Parteien besitzen einen eigenen Handlungsspielraum.

Fortsetzung Beispiel 3

Familie Gerber kann selbst entscheiden, ob und wie weit sie den Baum zurückschneiden möchte. Familie Huber hat natürlich deutlich weniger Spielraum, kann aber die Tomaten versetzen, bei den Gerbers nochmals nachfragen, einen Anwalt ins Spiel bringen oder den Streit auf andere Art und Weise eskalieren lassen. Im ungünstigsten Fall reden die beiden Parteien nicht mehr miteinander, sondern mit anderen Nachbarn übereinander.

Wie wichtig das Kriterium *Abhängigkeit* ist, wird durch folgende Unterscheidung deutlich: Wohnt Familie Huber »nur« zur Miete neben den Gerbers, so bleibt ihr als Konsequenz aus dem Nachbarschaftsstreit auch der Umzug in ein anderes Haus. Ein schwieriger Schritt, aber möglich. Ungleich schwerer würde allerdings eine solche Entscheidung fallen, wenn Familie Huber im eigenen Haus wohnte, dieses im Schweiße ihres Angesichts erbaut hätte und auch noch monatlich Kreditraten an die Bank überweisen müsste. Der Konflikt würde wahrscheinlich an Schärfe zunehmen und mehr und mehr eskalieren. Je größer die Abhängigkeit, desto schneller eskalieren Konflikte und desto mehr belasten sie.

Psychische Konflikte sind Konflikte, die wir mit uns selbst austragen (vgl. Beispiel 4).

Beispiel 4

Wir liegen auf der Couch, obwohl wir uns eigentlich vorgenommen hatten, etwas Sport zu machen. Wenn wir uns dann entscheiden aufzustehen, um eine Stunde joggen zu gehen, und uns anschließend wieder auf die Couch legen, haben wir den Konflikt gelöst. Falls wir allerdings mit schlechtem Gewissen auf der Couch liegen bleiben, dann leiden wir mehr oder weniger unter diesem psychischen Konflikt.

Diese psychischen Konflikte gibt es in unterschiedlichsten Kontexten, ob privat oder beruflich. Im vorliegenden Buch konzentrieren wir uns aber auf soziale Konflikte.

Eine Meinungsverschiedenheit ist kein Konflikt

Wichtiger als die Unterscheidung zwischen sozialen und psychischen Konflikten ist die Differenzierung zwischen einer Meinungsverschiedenheit und einem Konflikt.

Meinungsverschiedenheiten entstehen, wie es der Name schon sagt, wenn zwei Menschen unterschiedliche Meinungen über etwas haben. Bei einer Meinungsverschiedenheit über das methodische Vorgehen im Laufe einer Projektplanung wissen die Beteiligten, dass es darum geht, genau einen bestimmten inhaltlichen Punkt zu klären. Ähnlich verhält es sich, wenn unterschiedliche, emotionale Zustände aufeinandertreffen. Dies ist der Fall, wenn beispielsweise einer der Kollegen verärgert ist über eine Situation, während ein anderer dieselbe Situation eher gelassen betrachtet. Auch hier wissen die Beteiligten, dass nur die Einschätzung unterschiedlich ist. In diesen Fällen einer klassischen Meinungsverschiedenheit ist eine Bereinigung sehr einfach oder vielleicht gar nicht notwendig.

Meinungsverschiedenheiten zeichnen sich folgendermaßen aus:

1. Die Auseinandersetzung beeinträchtigt die Handlungen nur wenig.
2. Bei der Meinungsverschiedenheit geht es darum, mit seiner Meinung recht zu bekommen.

Konflikte zeichnen sich im Gegenzug folgendermaßen aus:

1. Die Auseinandersetzung beeinträchtigt die Handlung(en) einer oder beider Seiten stark.
2. Direkt Beteiligte können oftmals nicht genau darstellen, wie der Konflikt entstanden ist und/oder auf welchen Ebenen er sich abspielt.
3. Beim Konflikt geht es darum zu gewinnen.

Betrachten wir ein Beispiel einer Meinungsverschiedenheit (vgl. Beispiel 5).

Beispiel 5

Ihre Kollegen Kunz und Hermann geraten in einem gemeinsamen Meeting aneinander. Im Anschluss an das Meeting sprechen Sie Herrn Kunz darauf an. Er antwortet Ihnen: »Wissen Sie, es ist nichts Außergewöhnliches, dass ich mich mit Herrn Hermann über die Vorgehensweise im Projekt streite. Schon seit Projektstart sind wir uns da uneins, und jedes Mal, wenn es um dieses Thema geht, bekommen wir uns in die Haare. Er kann da so bockig sein. Ansonsten ist aber alles klar zwischen mir und meinem Kollegen.«

Herr Kunz kann klar abgrenzen, um welches Thema es geht, wann es begonnen hat und wer beteiligt ist. Selbst wenn Sie davon ausgehen, dass nicht nur Herr Hermann bockig ist, sondern auch Herr Kunz selbst seinen Anteil an der Meinungsverschiedenheit hat, bekommen Sie nicht den Eindruck, die Situation könne eskalieren.

Dies ist ein klassisches Beispiel für eine Meinungsverschiedenheit. Ganz anders stellt sich die Situation in folgendem Beispiel eines beruflichen Konflikts dar (vgl. Beispiel 6):

Beispiel 6

In einem Meeting werden Sie Zeuge eines Wortwechsels zwischen Ihren Kollegen Schmidt und Großmann. Auch in diesem Fall sprechen Sie einen der beiden nach dem Meeting an. Herr Schmidt antwortet Folgendes:

»Sie kennen ihn doch, immer wenn wir diskutieren, unterbricht er die anderen, geht dazwischen, obwohl er gar nicht eingebunden ist in dieses Thema und eigentlich auch keinerlei Ahnung davon hat.«

Sie fragen dann, seit wann dies so läuft, und erhalten folgende Antwort: »Das geht schon ewig so, auch andere haben sich schon über ihn beschwert, Sie kennen ihn doch, er mischt sich eben in alles ein, auch damals schon bei Projekt x, sie wissen doch, auch bei Projekt y hatten wir diese unnötigen, ständigen Diskussionen mit ihm und seiner Abteilung. Sie waren ja auch schon dabei und wissen, wie es ist, wenn er sich einmischt.«

Hier wird sichtbar, dass sich Herr Schmidt mit einer eindeutigen Beschreibung sehr schwertut. Allgemein lässt sich sagen, dass es den an einem Konflikt Beteiligten einfach schwerfällt, genau abzugrenzen, wann dieser begonnen hat, wer beteiligt ist und um welches Thema es sich handelt. Halbsätze, Wiederholungen und Generalisierungen (immer, nie, alles, ...) bestimmen die Sprache. Zusätzlich versuchen die Beteiligten, die Gesprächspartner auf ihre Seite zu ziehen. Bemerkungen wie *»das sehen Sie doch auch so, das ist Ihnen doch auch schon passiert, andere sehen das ähnlich«* bestimmen die Aussage.

Wenn Sie also wissen möchten, ob einer Ihrer Kollegen, Nachbarn oder Freunde in einem Konflikt steckt, dann fragen Sie doch einfach nach und lassen sich die Situation beschreiben. An der Antwort können Sie rasch erkennen, ob und inwieweit der Kollege an dem Konflikt beteiligt ist. Je mehr der oben genannten Kriterien Ihnen auffallen, desto tiefer steckt der Kollege im Sumpf.

Bisher waren die Beispiele wahrscheinlich ganz interessant zu lesen, und ich gehe davon aus, dass Sie die eine oder andere ähnliche Situation schon einmal beobachtet haben.

Jetzt aber wird es spannend: Wie können Sie erkennen, dass Sie selbst in einem Konflikt stecken? Nach den oben genannten Kriterien ist dies ebenfalls ganz einfach. Lassen Sie vor Ihrem inneren Auge einige Situationen auftauchen, in denen Sie hitzigere Diskussionen oder Konflikte erlebt haben. Nun beschreiben Sie diese und hören sich genau zu. Vermutlich werden Sie sehr rasch die Unterschiede erkennen. Wenn Sie eine Situation in wenigen Worten, klar und abgegrenzt beschreiben können, war es sicherlich kein Konflikt. Kommen Sie allerdings ins Stocken, wiederholen sich und sprechen in unvollständigen Sätzen, dann wird es sich wahrscheinlich lohnen, diese Konflikte noch einmal näher zu betrachten.

Sieg oder Niederlage, Recht oder Unrecht? Auch daran lassen sich Konflikte von Meinungsverschiedenheiten unterscheiden.

Vielleicht beginnen wir diesmal mit Ihnen selbst beziehungsweise mit Ihren eigenen Beispielen. Nehmen Sie doch bitte ein Beispiel, bei dem Sie zuvor vermutet hatten, es handele sich um einen Konflikt. Wollten Sie damals einfach nur recht bekommen oder ging es Ihnen mehr ums Prinzip, also darum, den Kollegen mal in die Schranken zu weisen? Wenn es darum ging zu gewinnen, dann ist dies ein weiterer Beleg dafür, dass es ein Konflikt war.

> **Merke!**
> Beim *Konflikt* geht es darum zu gewinnen – bei der *Meinungsverschiedenheit* geht es darum, recht zu bekommen.

In einer Meinungsverschiedenheit sind Sie viel näher an inhaltlichen Fragen und Argumenten, und die Person, also der Gesprächspartner, tritt in den Hintergrund, getreu dem Motto: Mal hat der eine recht und mal der andere.

Kommen wir zurück auf Situationen, in denen Sie hitzige Diskussionen beobachten. Falls Sie den Eindruck haben, einer oder beide Gesprächspartner beharren stur auf ihrer Meinung oder lassen eigentlich gute Argumente nicht gelten, dann könnte es sich um mehr als nur um eine Meinungsverschiedenheit handeln. Wenn dann der vermeintliche Sieger nach der Diskussion das Thema nicht loslassen kann und in kleinen Runden nach Zustimmung sucht, können Sie von einem Konflikt ausgehen.

Wir werden uns zu einem späteren Zeitpunkt noch genauer um die Entstehung von Konflikten kümmern. So viel sei jetzt schon vorweggenommen: Die Tatsache, dass erwachsene Menschen mit guter Ausbildung und viel Erfahrung in Diskussionen in solchen Situationen nicht in der Lage sind, klar und deutlich zu kommunizieren, hat sehr viel mit Emotionen zu tun. In Konflikten werden die Inhalts- und die Beziehungsebene heillos miteinander verstrickt. Wenn kein Konflikt vorherrscht, sind die Beteiligten in der Lage, die Inhaltsebene – die Sache – von der Beziehungsebene – den Emotionen – zu trennen.

Zum Abschluss dieses Kapitels noch ein sehr prägnantes und leicht zu identifizierendes Merkmal für das Vorhandensein eines Konflikts: Je vehementer die Forderung *»Lass uns sachlich bleiben«* geäußert wird, desto sicherer können Sie sein, dass hier ein Konflikt vorliegt.

> **Merke!**
> Je vehementer die Forderung *»Lass uns sachlich bleiben«*, desto sicherer liegt ein Konflikt vor.

Die negative Seite von Konflikten

Bevor wir uns genauer um die negative Seite von Konflikten kümmern, stelle ich Ihnen sieben Varianten unterschiedlicher Verhaltensweisen in konfliktgeladenen Situationen vor:

1. Variante
Es gibt Menschen, die gehen direkt auf den Konfliktpartner zu und führen ein klärendes Gespräch. Statistisch gesehen sind diese klar in der Minderheit.

2. Variante
Manche gehen äußerst direkt auf den Konfliktpartner zu und überziehen dabei deutlich, sodass es einem Angriff gleichkommt. Der Konfliktpartner wird höchstwahrscheinlich die Flucht ergreifen oder zum Gegenangriff blasen.

3. Variante
Andere wiederum hoffen, dass sich das Problem von alleine wieder gibt, und tun so, als sei nichts gewesen. Diese Vorgehensweise birgt mehrere Risiken. Zum einen kann der Konfliktpartner den Eindruck gewinnen, alles sei in Ordnung. Also braucht er sich auch keine Gedanken zu machen und sich oder sein Verhalten nicht zu ändern.

Wenn wir vom anderen Fall ausgehen und annehmen, der Konfliktpartner hätte die Situation ebenfalls als problematisch erkannt, würde er sich wahrscheinlich wundern, dass er darauf nicht angesprochen wird. Hieraus kann er mehrere unterschiedliche Schlüsse ziehen: Er kann vermuten, dass Sie sich nicht trauen, es direkt anzusprechen, oder das Problem lieber mit anderen diskutieren oder es gänzlich als unwichtig ansehen. In all diesen Fällen wird das Verständnis oder die Achtung Ihnen gegenüber auf jeden Fall sinken.

4. Variante

Eine weitere Gruppe spricht mit Dritten über die Situation und verschafft sich so etwas Erleichterung. Der Konfliktpartner wird allerdings nicht angesprochen. Diese Vorgehensweise kann dieselben negativen Konsequenzen haben wie die vorherige. Zusätzlich gerät man schnell in den Ruf, mehr über die anderen zu reden als mit ihnen. Je nach Unternehmenskultur oder Abteilungskultur kann so etwas rasch Kreise ziehen und negativ auf Sie zurückfallen.

5. Variante

Manche negieren die Existenz des Konflikts mit Sätzen wie: »*Man muss sich im Job ja nicht lieben.*« Auf die Ursachen solcher Formulierungen werden wir im weiteren Verlauf dieses Buches noch konkret eingehen. Oftmals sind solche Sätze Ausdruck frustrierender Erlebnisse. Man hätte es gerne anders, hat es vielleicht auch schon versucht, leider ohne Erfolg. Dieses Vorgehen als Folge des Erlebens von Konfliktsituationen liegt an der Schnittstelle zwischen psychischen und sozialen Konflikten. Ausgelöst durch einen Streit mit einem Kollegen, der nicht geklärt werden konnte, gerät man in folgenden klassischen psychischen Konflikt: Soll ich einen weiteren Versuch wagen und dabei riskieren, es wieder nicht klären zu können, oder soll ich versuchen, meine Einstellung zur Zusammenarbeit zu ändern?

6. Variante

Es gibt auch Menschen, die die Sache klären wollen, aber nicht genau wissen, wie.

Im Rahmen dieser Vorgehensweise wird versucht – meist in mehreren Anläufen –, das Thema anzugehen. Dies kann gut gehen oder auch ein Eigentor werden. Im letzteren Fall kann der Konflikt eskalieren. Auch hierzu später mehr.

7. Variante

Natürlich gibt es die zuvor genannten Varianten auch in Mischformen. Oftmals ist die Wahl der Vorgehensweise abhängig von den jeweiligen Gesprächspartnern. Mit dem einen Kollegen geht man etwas offener um, beim anderen traut man sich weniger.

Beim Lesen dieser sechs unterschiedlichen Vorgehensweisen haben Sie wahrscheinlich überlegt, welche am ehesten auf Sie zutrifft. Im Rahmen von Trainingsveranstaltungen bat ich die Teilnehmer um eine Selbsteinschätzung. *»Welche Variante setzen Sie selbst normalerweise ein?«* war die Frage. Viele Teilnehmer sagten, die von ihnen präferierte sei die Vorgehensweise 7, also die Mischform. Es ist natürlich klar, dass man als Selbstzuschreibung lieber die Variante 7 hat, die nach situativer – scheinbar überlegter – Vorgehensweise klingt.

Unabhängig davon, ob diese Selbsteinschätzungen zutreffen oder nicht, ist meine Erfahrung, dass normalerweise jeder eine oder zwei Varianten aus den ersten fünf Vorgehensweisen als Standardrepertoire hat. Zusätzlich kann dann die Mischform noch als Ergänzung hinzukommen.

All die genannten Varianten – die erste einmal ausgenommen – haben negative Konsequenzen für den Erfolg der Zusammenarbeit.

Konflikte, die nicht angegangen werden, führen häufig zu einem Gefühl der Lähmung, des Verharrens im Status quo. Projekte, in denen schwelende Konflikte zum Standard gehören, führen zu nachweisbar schlechteren Ergebnissen. Hinzu kommt, dass es enorm anstrengend ist.

Ich plädiere nicht dafür, Harmonie um jeden Preis zu erzielen, im Gegenteil! Kontroverse Diskussionen sind das Salz in der Suppe erfolgreicher Zusammenarbeit, aber es macht auf Dauer keinen Spaß, sich in zähen, konfliktgeladenen Situationen zu bewegen (vgl. Beispiel 7).

Contra Konflikt:
Konflikte führen zur Lähmung, zum Verharren im Status quo. Es macht einfach keinen Spaß, im konfliktgeladenen Umfeld zu arbeiten.

Beispiel 7

Stellen wir uns vor, ein Projektteam bestünde aus acht Mitarbeitern, die im Wesentlichen aus zwei Abteilungen stammen. In diesem Team zieht ein Konflikt auf, der anfangs auf unterschiedlichen Vorstellungen hinsichtlich des methodischen Vorgehens beruhte. Verschärfend für den Konflikt ist die Tatsache, dass beide Parteien unausgesprochen für sich die Führung des Projekts beanspruchen. Der Projektleiter – in seinem Hauptjob als Abteilungsleiter einer anderen Abteilung stark eingebunden – ist wenig präsent. Der Konflikt wurde bislang nicht offen angesprochen, aber beide Parteien wissen um die differierenden Vorstellungen der jeweils anderen. Zwei der acht Projektmitarbeiter sind in dieser Frage quasi unentschieden, also neutral.

Folgendes geschieht: Immer, wenn es um das brisante Thema geht, werden die gleichen Argumente ausgetauscht. Die Parteien hören kaum noch zu, andere Themen werden von dieser Problemstellung überlagert, man kommt kaum noch voran.

Gleichzeitig ist eine zunehmende Lähmung zu spüren, die Neutralen versuchen zu vermitteln, übernehmen Moderatorenrollen, ohne messbaren Erfolg. Ein weiteres Problem ist die zunehmende Schwierigkeit, alle Projektmitarbeiter bei den Projektmeetings an einen Tisch zu bekommen. Die Gründe für die zunehmenden Fehlzeiten sind vielfältig: andere Projekte, Urlaub, Linienarbeit oder Ähnliches. Die Projektmeetings sind zäh, und die anfängliche Begeisterung und Energie ist verschwunden.

Es gibt nur noch wenige Möglichkeiten, das Problem zu lösen: Entweder die Beteiligten bringen das Projekt rasch zu Ende und akzeptieren eher durchschnittliche Ergebnisse, oder sie gehen den Konflikt an. Eine dritte Möglichkeit, die übrigens recht häufig praktiziert wird, ist der Austausch einiger Projektmitarbeiter oder des Projektleiters.

Die zuletzt genannten Lösungsmöglichkeiten – die Konfliktlösung und der Austausch des Personals – haben Gemeinsamkeiten. In beiden Fällen kommt neue Energie, frischer Wind ins Team. Der Unterschied ist, dass der Austausch des Personals Kosten verursacht, das Projekt ins Stocken bringt und Unmut erzeugen kann. Die Konfliktlösung geht schneller und ist deutlich günstiger.

Was ist das Gute an Konflikten?

Im vorangegangenen Kapitel sprachen wir von Harmonie um jeden Preis als Alternative zur Konfliktlösung. Klar, dass dies nur eine theoretische Alternative ist.

Die Suche nach Harmonie – oder sollten wir sagen die *Sucht* nach Harmonie – treibt unschöne Blüten. Oftmals führt der Wunsch nach Harmonie zu oberflächlichen Diskussionen, zu faulen Kompromissen, bis hin zu verschleppten Entscheidungen. Auf der Ebene der Organisation kann eine zu harmonische Lösung von Konflikten gar unangenehme Folgen haben (vgl. Beispiel 8).

Beispiel 8

Nehmen wir an, die Produktionsabteilung ärgert sich darüber, dass der Vertrieb dem Kunden Dinge verspricht, die nicht haltbar sind. Der Geschäftsführer ordnet dann eine Veranstaltung an, bei der sich beide Abteilungen aussprechen sollen, um das gegenseitige Verständnis zu erhöhen.

Angenommen, diese Veranstaltung verläuft erfolgreich und der Vertriebsmitarbeiter ändert seine Vorgehensweise beim Kunden: Anstatt frohgemut Versprechungen zu machen und so – wie früher – die Aufträge zu holen, vertritt er die Sichtweise des (über-) vorsichtigen Kollegen aus der Produktion. Folge: Der Kunde kauft woanders, der Vertrieb und die Produktion schauen in die Röhre. Konflikte innerhalb der Organisation, auf struktureller Ebene beleuchten notwendige Unterschiede und verhindern, dass kontraproduktive Gleichmacherei betrieben wird.

Pro Konflikt: Wenn man sich aneinander reibt, bringt das Energie, neue Ideen und neuen Mut für eine effizientere und effektivere Zusammenarbeit.

Konflikte sind ein belebendes Element und zeigen sich in kontroversen Diskussionen und energiereichen Sitzungen. Ist ein Konflikt erst einmal besprochen und überwunden, so ist das vergleichbar mit dem reinigenden Gewitter nach einem Streit mit dem oder der Liebsten. Sie kennen das wahrscheinlich: Wenn man sich im Privaten richtig gefetzt hat, entsteht klare Luft, ein neues, oft respektvolleres Miteinander und frischer Wind für die Beziehung.

Gleiches gilt auch für das Miteinander im Geschäft. Konflikte, die nicht angesprochen werden, wirken lähmend und ziehen Energie. Wenn man sich aneinander reibt, bringt das Energie, neue Ideen und neuen Mut für eine effizientere und effektivere Zusammenarbeit.

Nachdem wir nun wissen, wie energiezehrend ein schwelender Konflikt sein kann und wie viel frischen Wind ein gelöster Konflikt mit sich bringt, könnte man ja einfach sagen: *»Löse deine Konflikte, und alles wird gut.«* Wenn es aber so leicht wäre, würde dies auch jeder tun, und es bräuchte dieses Buch nicht. Den Wunsch, Konflikte aus der Welt zu schaffen, hat wohl ein jeder. Allein, es fehlt das Wissen, *wie*.

Wenn man nicht genau weiß, wie man vorgehen soll, dann ist es vielleicht tatsächlich besser, vorsichtig zu sein. Die Sorge, ein falsches Wort zur falschen Zeit, ein unglückliches Vorgehen könnte das Problem verschlimmern, ist absolut berechtigt. Es kann sehr schnell passieren, dass ein Konflikt eskaliert. Er kann beispielsweise eskalieren, indem die Beziehung zu Ihrem Konfliktpartner sich weiter verschlechtert. Oder aber weitere Personen können hineingezogen werden, der Konflikt kann sich also ausweiten. Schlimmer geht immer.

Vielleicht möchten Sie an dieser Stelle einfach aufhören zu lesen, weil Sie sich sagen: *»Hab' ich's doch gewusst, das Risiko ist zu groß.«* Dem möchte ich entgegnen: keine Chance ohne Risiko. Ich bin sicher, wenn Sie die weiteren in diesem Buch vorgeschlagenen Schritte gehen und üben, dann wird Ihnen Ihre Vorgehensweise in Konflikten noch mehr bewusst und im zweiten Schritt wird sich Ihre Konfliktlösungskompetenz signifikant verbessern.

Merke!
Es gibt gute Gründe, Konflikte zu verdrängen! Die Sorge, ein falsches Wort zur falschen Zeit könnte den Konflikt verschlimmern, ist absolut berechtigt. *Schlimmer geht immer!*

Zusammenfassung

In diesem Kapitel wurden einige zentrale Begriffe rund um das Thema *Was ist ein Konflikt?* beleuchtet:
Confligere kommt aus dem Latein und bedeutet »zusammen – stoßen«.
Soziale Konflikte sind durch folgende äußere Faktoren gekennzeichnet:

1. Mindestens zwei Personen agieren in einer Situation.
2. Jede Partei verfolgt eigene Ziele und Interessen.
3. Es existiert ein Handlungsspielraum, in dem die Parteien eigene Entscheidungen treffen können.
4. Die Parteien sind voneinander abhängig.

Es ist wichtig, *Konflikte* von bloßen *Meinungsverschiedenheiten* zu unterscheiden.

Merkmale von *Meinungsverschiedenheiten* sind:

1. Die Auseinandersetzung beeinträchtigt die Handlungen nur wenig.
2. Bei der Meinungsverschiedenheit geht es darum, recht zu bekommen.

Merkmale von *Konflikten* sind:

1. Die Auseinandersetzung beeinträchtigt die Handlung(en) einer oder beider Seiten stark.
2. Direkt Beteiligte können oftmals nicht genau darstellen, wie der Konflikt entstanden ist und/oder auf welchen Ebenen er sich abspielt.
3. Beim Konflikt geht es darum zu gewinnen.

Was ist das Für und Wider von Konflikten?

Einerseits führen Konflikte, die nicht angegangen werden, häufig zu einem Gefühl der Lähmung, des Verharrens. Hinzu kommt, dass es einfach keinen Spaß macht, in konfliktgeladenen Situationen zu arbeiten.

Andererseits sind Konflikte ein belebendes Element. Ist ein Konflikt erst einmal besprochen und überwunden, so ist das vergleichbar mit dem reinigenden Gewitter nach einem Streit, es entstehen klare Luft, ein neues Miteinander und frischer Wind.

Es gibt allerdings gute Gründe, bei der Konfliktklärung vorsichtig zu sein. Die Sorge, ein falsches Wort zur falschen Zeit, ein unglückliches Vorgehen könnte das Problem verschlimmern, ist absolut berechtigt. Es kann sehr schnell passieren, dass ein Konflikt eskaliert. Schlimmer geht immer, aber – keine Chance ohne Risiko.

2

Wie entstehen soziale Konflikte?

In diesem Kapitel wollen wir uns anschauen, welche Einflüsse die Kommunikation auf das Entstehen von Konflikten hat. Des Weiteren geht es um Ursachen für die Eskalation von Konflikten.

Prinzipien der Kommunikation

Analog zu den naturwissenschaftlichen Axiomen von Sir Isaac Newton hat Paul Watzlawick[3], einer der bekanntesten Kommunikationsforscher, Axiome der Kommunikation aufgestellt. Diese Prinzipien beleuchten auf sehr einfache Weise, wie Schwierigkeiten in der Kommunikation entstehen können. Da Konflikte ursprünglich immer Konfliktchen waren oder vielleicht gar als banales Missverständnis begonnen haben, ist es wichtig zu verstehen, wie Kommunikation abläuft.

1. Man kann nicht nicht kommunizieren.

Auch wenn man nichts sagt bzw. antwortet, nimmt man an der Kommunikation teil. Dies wird beispielsweise deutlich in der Aussage: »*Schweigen bedeutet Zustimmung.*« Selbst wenn keine verbale Äußerung gemacht wird, werden die Gesprächspartner kleinere nonverbale Reaktionen deuten (vgl. Beispiel 9). Ob falsch oder richtig, spielt erst mal keine Rolle.

Beispiel 9

Wenn man in einer Besprechung sitzt und einen Vorschlag zum Vorgehen macht, beobachtet man – während des Sprechens – unwillkürlich die nonverbalen Reaktionen der Zuhörer. Wenn man nun ahnt, die Zuhörer stimmen zu, wird man den eigenen Vorschlag mit mehr Lockerheit und Überzeugung vorstellen, als wenn man vermutet, der Großteil der Zuhörer sei dagegen.

2. Kommunikation ist zirkulär.

Es ist müßig, nach dem Beginn einer Kommunikationssituation zu suchen oder gar nach dem Schuldigen eines Streitgesprächs. Wenn zwei Personen miteinander sprechen, antizipiert/vermutet jeder Gesprächspartner, was der andere wohl gedacht hat bzw. gleich sagen wird, bevor er sich selbst äußert. Diese Vermutungen basieren auf subjektiven Theorien, die zumeist unbewusst gebildet werden und die eigene Kommunikation erheblich beeinflussen (vgl. Beispiel 10).

Beispiel 10

Herr Grün kommt von der Arbeit nach Hause, öffnet die Haustür und seine Frau fragt ihn, wie es bei der Arbeit war. Herr Grün hat keine Lust, auf die seiner Ansicht nach immer gleiche Frage zu antworten, zumal er – müde von der Arbeit – am liebsten erst mal seine Ruhe hätte. Frau Grün möchte teilhaben am Leben ihres Mannes und stellt deshalb häufig eine solche oder ähnliche Frage. Sie ist nun natürlich verärgert über die wortkarge und mürrische Reaktion ihres Mannes. Sie beschwert sich bei ihm, woraufhin er seiner Frau die Schuld gibt an den immer gleichen Streitigkeiten zu Beginn des Feierabends.

Es ist nun müßig zu fragen, wer wirklich schuld sei an diesem Streit, und genauso unnötig ist die Frage, wer denn begonnen habe mit der Diskussion. Kommunikation ist zirkulär, das bedeutet, es gibt keinen eindeutigen Beginn dieses Gesprächs.

Fortsetzung Beispiel 10

Herr Grün hat vielleicht schon auf dem Weg nach Hause vermutet, dass seine Frau eine solche Frage stellen würde, und sich schon im Vorhinein darüber geärgert. Das heißt, er war schon mürrisch, als er die Tür aufschloss. Seine Frau – im Gegenzug – hat vielleicht schon, bevor ihr Mann sich der Haustür näherte, geahnt, dass es so sein würde wie immer: Er kommt schlecht gelaunt nach Hause.

Was jetzt zuerst war, die Henne oder das Ei, war er bereits schlecht gelaunt oder wurde er es erst, weiß Herr Grün wahrscheinlich selbst nicht.

Ähnliche Phänomene gibt es auch zuhauf im Geschäftsleben (vgl. Beispiel 11).

Beispiel 11

Ein Berufsanfänger kommt nicht unbedarft zum Arbeitgeber. Er wird sich vor seinem ersten Bewerbungsgespräch erkundigt haben, wie so etwas abläuft. Mit anderen Worten: Auch der erste Kontakt eines Bewerbers mit dem Unternehmen hat eine Vorgeschichte.

Es gibt in der Kommunikation keinen Anfang und kein Ende und somit in den allermeisten Fällen auch keinen Schuldigen.

3. Kommunikation ist entweder symmetrisch oder komplementär.

Dieses Axiom ist für die Analyse von Gesprächssituationen im Business von großer Relevanz. Es besagt, dass Kommunikation entweder auf Augenhöhe stattfindet (= symmetrisch) oder es ein wie auch immer geartetes Über- oder Unterverhältnis gibt (= komplementär).

Merke!
Komplementäre
Kommunikation
=
Kommunikation
bei hierarchischen
Unterschieden.

Definition: Ein Gesprächspartner nimmt die übergeordnete, der andere die untergeordnete Stellung ein. Das kommunikative Handeln des einen ergänzt das Handeln des anderen – *komplementäre* Kommunikation.

Ihr Gespräch mit Ihrem Chef ist dementsprechend ein Beispiel für eine komplementäre Gesprächssituation, ebenso die Unterhaltung mit einem hierarchisch untergeordneten Mitarbeiter.

Im Unternehmen ist Ihr Chef Ihnen übergeordnet, Sie sind der Mitarbeiter. Wenn Sie aber Ihren Chef zum Abendessen zu sich nach Hause einladen, verkehrt sich die Situation ins Gegenteil: Sie sind der Hausherr, Ihr Chef der Gast. In beiden Fällen handelt es sich aber um eine komplementäre Gesprächssituation.

Definition: Was der eine sich in der Kommunikation erlauben kann, kann sich umgekehrt auch der andere erlauben – *symmetrische* Kommunikation.

Gespräche mit Nachbarn, Bekannten oder Freunden sind typische Situationen der symmetrischen Kommunikation. Auf Augenhöhe finden normalerweise auch Gespräche mit Kollegen statt. Das Wort »normalerweise« ist mit Bedacht gewählt, denn nicht immer sind Gespräche unter Kollegen tatsächlich symmetrische Gespräche. Wenn Sie mit einem Kollegen ein Gespräch führen, spüren Sie intuitiv, ob Sie auf Augenhöhe sind. Wenn der Kollege z. B. auf dem Gebiet, über das Sie sich unterhalten, Experte ist, dann ist das Gespräch nur auf den ersten Blick symmetrisch, denn es gibt ein Gefälle zugunsten Ihres Kollegen, also eine komplementäre Kommunikation.

Umgekehrt komplementär verhält es sich, wenn Sie sich mit einem Kollegen unterhalten, der neu im Unternehmen ist, während Sie schon seit vielen Jahren in Ihrem Unternehmen Erfahrungen gesammelt haben. Dann sind Sie derjenige mit einem Mehr an Erfahrung, und deshalb handelt es sich auch in diesem Beispiel um eine komplementäre Gesprächssituation.

Bei der Analyse von Konflikten ist diese Betrachtung und die Festlegung auf entweder symmetrisch oder komplementär sehr wichtig, denn diese Unterscheidung beeinflusst wesentlich die Wahl der Konfliktlösungsmethode.

4. Jede Kommunikation hat einen Inhalts- und Beziehungsaspekt.

Dieses Axiom beleuchtet einen anderen Aspekt der Kommunikation. Es geht nicht nur darum, die grundsätzliche Wirkungsweise zu beschreiben. Die Unterscheidung in Inhalts- und Beziehungsaspekt stellt gleichzeitig ein wesentliches Modell der Kommunikationstheorie dar. Dieses Modell wird im nächsten Kapitel detailliert vorgestellt.

Inhalts- und Beziehungsebene

Beim Beobachten von Menschen, die miteinander kommunizieren, fallen trotz aller Unterschiede immer wieder deutliche Gemeinsamkeiten auf. Es scheint zu Beginn einer Kommunikation eine Phase zu geben, die nicht dafür da ist, Inhalte auszutauschen, sondern dafür, Kontakt herzustellen. Bei vielen Menschen passiert das unbewusst und oft auch eher zufällig.

In diesem Kapitel wollen wir etwas mehr ins Detail der Kommunikationstheorie gehen und uns mit folgenden Fragen beschäftigen:

▶ Welchen Anteil hat die Beziehungsebene im Vergleich zur Inhaltsebene?

▶ Wie können wir bewusst und absichtlich einen guten Kontakt zu den Gesprächspartnern aufbauen?

▶ Inwieweit beeinflusst die Inhalts- und Beziehungsebene das Entstehen von Konflikten?

Kommen wir zur ersten Frage. Welchen Anteil hat die Beziehungsebene in der Kommunikation?

Die Beziehungsebene hat einen deutlich größeren Anteil an der Kommunikation als der bloße Inhalt, was in alltagssprachlichen Formulierungen wie »*Der Ton macht die Musik*«, »*Die Chemie stimmt*«, »*Einen guten Draht herstellen*«, »*Wie man in den Wald hinein schreit, so schallt es wieder heraus*« deutlich wird. Diese Redewendungen zeigen, dass es mehr um die Beziehung zwischen den Gesprächspartnern als um den Inhalt geht.

Hierzu gibt es zahlreiche Untersuchungen. Ich habe aus dieser Vielzahl eine herausgegriffen[4], die zu folgendem Ergebnis kommt (Abbildung: Inhalt und Beziehungsebene).

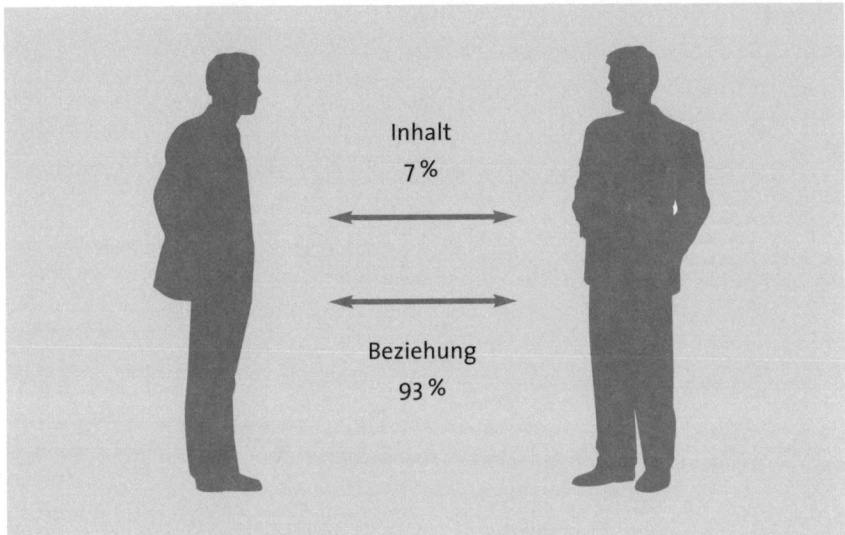

Abb.: Inhalt und Beziehungsebene

Ist es nicht erstaunlich, dass der inhaltliche Anteil unserer Kommunikation lediglich 7 Prozent beträgt, während der beziehungsorientierte Anteil unserer Kommunikation ganze 93 Prozent umfasst?

Wahrscheinlich sind Sie ein wenig verwundert über die Deutlichkeit der Unterschiede. Es wird leichter nachvollziehbar, wenn wir uns anschauen, wie diese 7 Prozent definiert sind.

Wenn beispielsweise jemand in Ihr Büro kommt und »*Guten Morgen*« sagt, dann sind nur die reinen Worte Teil des Inhalts. Alles, was mitschwingt, der Tonfall, die Lautstärke, auch die Körperhaltung, gehören bereits zur Beziehungsebene. Ist es nicht so, dass Sie bereits am »*Guten Morgen*« Ihres Kollegen erkennen können, wie der Tag werden wird? Wenn man sich ein wenig länger kennt, entwickelt man ein sehr gutes Gespür für die Botschaften zwischen den Zeilen.

Wenn nun definitionsgemäß all diese Informationen nicht zum Inhalt gehören, dann wird verständlich, dass der Inhalt nur 7 Prozent einnimmt.

Die 93 Prozent Beziehungsebene teilen sich noch einmal auf in 55 Prozent *nonverbale* Anteile und 38 Prozent *tonale* Anteile[5] (vgl. Abbildung Details zur Beziehungsebene).

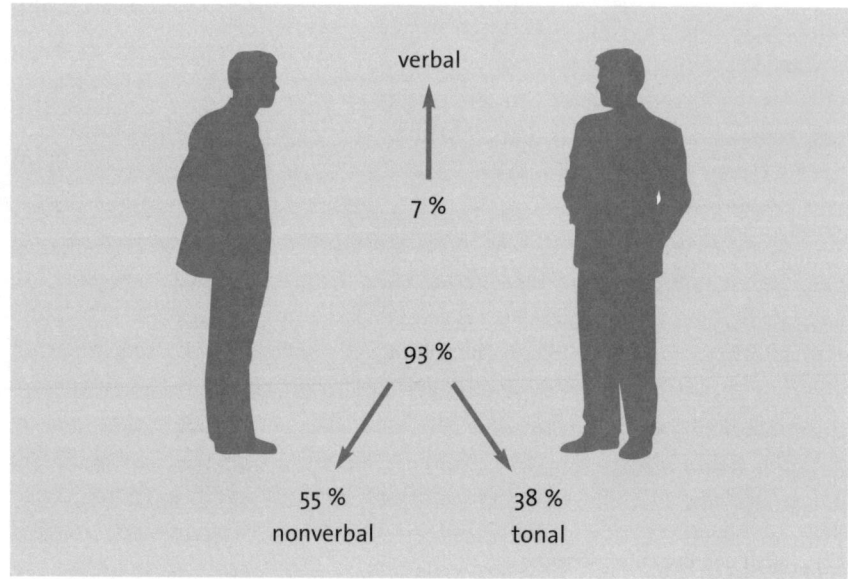

Abb.: Details zur Beziehungsebene

Auch hierzu ein Beispiel (vgl. Beispiel 12):

Beispiel 12
Wenn Sie einer Präsentation oder einem Vortrag zuschauen und zuhören, dann werden Sie neben dem Inhalt, der präsentiert wird, unbewusst oder bewusst auch auf das Drumherum achten. Wenn der Präsentator von klarem Vorgehen und eindeutigen Schritten spricht und dabei wild mit den Händen herumfuchtelt, dann werden Sie eine Art Störgefühl bekommen, weil der Inhalt (7 Prozent) nicht zur nonverbalen Kommunikation (55 Prozent) passt.

Spricht der Präsentator von Begeisterung und Überzeugung und setzt dabei eine eher monotone und träge klingende Stimme ein, werden Sie ebenfalls denken, irgendetwas stimmt hier nicht. Vortragende, bei denen Sie das Gefühl haben, alles passt zusammen – Stimme, Gestik, Mimik und Inhalt –, setzen so gut wie immer eine übereinstimmende Kommunikation ein.

Übereinstimmend kommunizieren bedeutet, dass sowohl der Inhalt als auch die nonverbale Kommunikation und der tonale Anteil zueinander passen. In diesem Fall spricht man von *Kongruenz* in der Kommunikation.

Was hat dies nun mit Konflikten zu tun? Nun, ganz einfach: Wenn wir Menschen bei der Kommunikation beobachten, ist oft zu sehen, dass die Bemühung, eine Gemeinsamkeit zu finden, sich alleine auf den inhaltlichen Anteil der Kommunikation beschränkt. Dadurch werden 93 Prozent unserer Möglichkeiten verschenkt.

> **Merke!**
> Kongruenz in der Kommunikation
> =
> Alle Anteile der Kommunikation stimmen überein.

Auch wenn in Meetings ein Gefühl der Uneinigkeit oder Unstimmigkeit aufkommt und man merkt, dass es »brodelt«, versuchen Moderatoren oder Führungskräfte sehr oft, über den Inhalt auch ein gemeinsames Commitment zu erreichen.

Dies führt uns zur zweiten Frage: Wie können wir bewusst und absichtlich einen guten Kontakt zu den Gesprächspartnern aufbauen?

Eine sehr wichtige, sehr einfache, sehr wirksame Grundbedingung für erfolgreiche Kommunikation heißt: Erst Kontakt, dann Info! (Vgl. Abbildung Erst Kontakt, dann Info.)

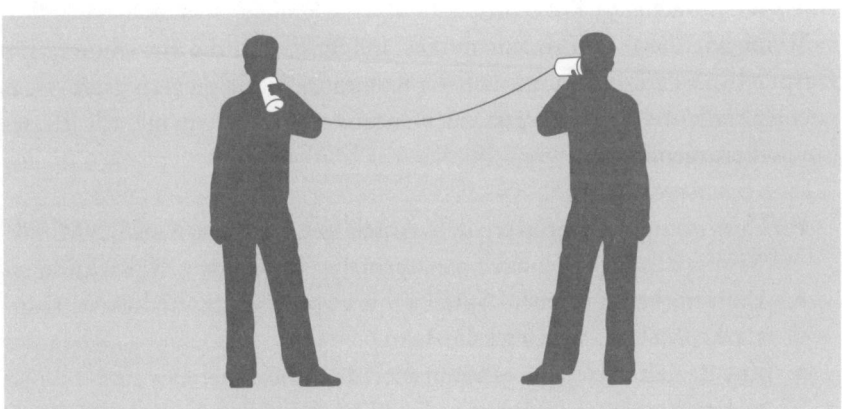

Abb.: Erst Kontakt, dann Info

Während viele Menschen glauben, Gemeinsamkeit entstünde dann, wenn man der gleichen Meinung ist, zeigen wissenschaftliche Untersuchungen und Beobachtungen aus dem Alltag, dass dem nicht so ist. Ich bin sicher, Sie können dies anhand von folgenden Beispielen (vgl. Beispiel 13 + 14) nachvollziehen:

Beispiel 13

Sie treffen zufällig einen alten Freund aus früheren Tagen, entschließen sich spontan, einen netten Abend in einem Restaurant gemeinsam zu verbringen, und diskutieren über dies und das. Beim Nachhausegehen denken Sie: »Ich habe einen tollen Abend verbracht. Vielleicht waren wir uns nicht immer einig, über manche Themen haben wir sogar kontrovers diskutiert, aber es war ein toller Abend.«

Beispiel 14

Sie treffen einen Kollegen, den Sie vielleicht nicht so sehr mögen, zufällig in der Kantine. Sie sprechen über dies und das und sind sich in der Beurteilung der unterschiedlichen Themen einig. Anschließend gehen Sie zurück ins Büro und denken sich vielleicht: »Morgen gehe ich zu einer anderen Zeit essen.«

Um Menschen nett und sympathisch zu finden, muss man sich auf der inhaltlichen Ebene nicht einig sein. Klar, es hilft, aber wesentlich ist die Gemeinsamkeit auf der Beziehungsebene. Wie gesagt: Die Zahlen sprechen eine klare Sprache: 93 Prozent!

Wenn wir diese 93 Prozent nutzen möchten, um die Beziehung zum Gesprächspartner und damit auch die Kommunikation zu verbessern, ist es wichtig, sich darüber bewusst zu werden, welche Elemente zur Beziehungsebene gehören:

▸ Zum sichtbaren nonverbalen Anteil gehören u. a. Gestik, Mimik, Körperhaltung, aber auch ganz profane Dinge wie z. B. Kleidung.
▸ Zum hörbaren tonalen Anteil zählen Sprechgeschwindigkeit, Lautstärke, Melodie und auch Dialekt.
▸ Zur Beziehungsebene gehören auch die Emotionen. Sie sind indirekt wahrnehmbar und machen in Konflikten einen wesentlichen Teil aus.

Ich bin sicher, dass Sie diese Phänomene bewusst oder unbewusst bereits längst in Ihren Alltag integriert haben.

Als Beleg hier ein Beispiel (vgl. Beispiel 15):

Beispiel 15

Sie sind am Abend eingeladen zu einem Geschäftsessen und überlegen sich bereits am Morgen vor dem Kleiderschrank, was abends wohl am besten passt. Und das entscheidende Kriterium ist nicht die Bequemlichkeit der Kleidung oder der modische Aspekt, sondern vielmehr die Frage: »Ist das angemessen, passt es zum Anlass, passt es zu der Kleiderwahl der Geschäftskollegen?«

Das unbewusste Einstellen auf die Situation geht noch weiter:

Angenommen, beim Geschäftsessen sind Sie die Person, die eingeladen wird an diesem Abend, und nehmen wir des Weiteren an, Ihr Gastgeber wählte aus der Speisekarte für sich eine Vor- und eine Hauptspeise. Nehmen Sie dann nur eine Suppe? Wohl kaum! Eine Ausnahme würde dann vorliegen, wenn Sie dem Gastgeber kurz erklärten, dass Sie bereits zum Mittagessen ein komplettes Menü hatten und deshalb nur eine Kleinigkeit essen möchten.

Es gibt unzählige Beispiele aus dem Alltag für das bewusste oder unbewusste Angleichen in der Kommunikation. Woher kommt das? Ganz einfach, wir Menschen sind soziale Wesen und als solche mehr oder weniger darauf angewiesen, in der Gemeinschaft zu leben. Es ist uns quasi angeboren oder anerzogen, uns auf andere Menschen einzustellen. Und weil es ein automatisierter Prozess ist, brauchen wir uns nicht darauf zu konzentrieren. Wir machen es unbewusst. Es verläuft allerdings ähnlich wie bei anderen »Automaten«, es funktioniert fast immer, aber eben nur fast. Dies führt zum entscheidenden Nachteil: Weil wir nicht gewöhnt sind, uns darauf zu konzentrieren, vergessen wir manchmal, auf die Beziehungsebene zu achten.

Wenn es sich um Menschen handelt, bei denen wir das Gefühl haben, »die Chemie stimmt«, zu denen wir also einen guten Draht haben, ist die Konzentration auf die Beziehungsebene auch weniger wichtig. Oder konkreter: Der Draht ist so dick, dass er auch mal eine kritische Situation übersteht.

Anders ist es mit Menschen, mit denen wir uns nicht so gut verstehen. Logischerweise findet man diese nicht so häufig im Freundeskreis, denn unsere Freunde suchen wir uns mit Bedacht aus. Aber nicht alle Menschen, die uns im Leben begleiten, können wir uns aussuchen, auch nicht die lieben Kollegen. Der Kollegenkreis setzt sich aus Menschen zusammen, von denen wir manche mögen und manche nicht.

Tipp!
Gerade bei Menschen, die wir nicht so mögen, müssen wir darauf achten, aktiv eine gute Beziehungsebene herzustellen.

Gerade bei Letzteren ist es aber notwendig, auf die Beziehungsebene zu achten, denn es besteht – wie zuvor beschrieben – die Gefahr, dass wir die Gemeinsamkeit gerade auf der Beziehungsebene vernachlässigen. Oder konkreter: Gerade, wenn es am notwendigsten ist, stellen wir häufig keine Gemeinsamkeit her.

An dieser Stelle noch eine Bemerkung für all diejenigen Leser, die die letzten Zeilen mit Skepsis gelesen haben, weil sie sagen: »*Ich mag die Gleichmacherei nicht, ich grenze mich gerne ein bisschen ab und bin ein bisschen anders als die anderen.*« Interessanterweise treffen sich diese Menschen auch am liebsten mit jenen, die ebenfalls ein wenig anders sind. Von einer höheren Warte betrachtet, ist dies auch eine Form von Gleichheit und Gemeinsamkeit.

Da es in diesem Buch nicht um den Schwerpunkt Kommunikation geht, möchte ich diese Phänomene hier nicht vertiefen. Deshalb folgende abschließende Bemerkungen zum Thema *Herstellen einer Gemeinsamkeit auf Beziehungsebene:*

Tipp!
Wer erfolgreich kommunizieren will, muss die innere Landkarte des Gesprächspartners entdecken.

Jeder Mensch hat seine eigene innere Landkarte[6], auf Basis derer er die Welt wahrnimmt, die Kommunikation anderer versteht und seine eigenen Gedanken sprachlich formuliert. Kommunikation hängt deshalb in großem Maße von der Fähigkeit ab, dem Gesprächspartner in dessen Modell der Welt zu begegnen.

Wenden wir uns nun der dritten Frage dieses Kapitels zu: Inwieweit beeinflusst die Inhalts- und Beziehungsebene das Entstehen von Konflikten? Zur Beantwortung dieser Frage kommen wir noch einmal zurück auf die Faktoren sozialer Konflikte (vgl. Kapitel 1, S. 14):

▸ Mindestens zwei Personen agieren in einer Situation.
▸ Jede Partei verfolgt eigene Ziele und Interessen.
▸ Die Parteien sind voneinander abhängig.
▸ Es existiert ein Handlungsspielraum, in dem die Parteien eigene Entscheidungen treffen können.

Diese vier Faktoren beschreiben die *äußeren* Rahmenbedingungen eines sozialen Konflikts.

Daneben gibt es natürlich auch *innere* Faktoren. Diese können dem kommunikativen Bereich zugeordnet werden. Wie im vorigen Kapitel dargestellt, lassen sich zwei Ebenen unterscheiden: die Inhaltsebene und die Beziehungsebene.

An inhaltlichen Themen können sich Konflikte entzünden, zum Beispiel durch:

▸ Mangel an Information,
▸ Fehlinformation,
▸ unterschiedliche Einschätzung der Situation,
▸ unterschiedliche Interpretation von Informationen,
▸ unterschiedliche Prioritäten.

Konflikte können sich auch an Themen der Beziehungsebene entzünden, zum Beispiel durch:

▸ Mangel an Information,
▸ Fehlinformation,
▸ unangemessene Einschätzung darüber, wie die Beziehungen untereinander sind,
▸ nicht erfüllte Bedürfnisse (siehe dazu auch Kap. 3, S. 54 ff.),
▸ persönliche Differenzen.

Bei einer konfliktfreien Zusammenarbeit unterstützt die Beziehungsebene die Arbeit auf der Inhaltsebene. Alles läuft glatt, inhaltliche Differenzen können auf der Basis einer guten Chemie rasch geklärt werden, die Arbeit macht Freude (vgl. Beispiel 16).

Beispiel 16

Nehmen wir an, in einem Projekt haben zwei Mitarbeiter unterschiedliche Prioritäten. Dies führt zu Diskussionen: Einer der beiden legt sehr viel Wert auf eine professionelle Ausarbeitung des Projektplans, der andere aber möchte rasch einsteigen in die konkrete Arbeit.

Da es bei den Kollegen auf der Beziehungsebene keine Differenzen gibt, die beiden also gerne zusammenarbeiten, können diese unterschiedlichen Prioritäten aber unproblematisch geklärt werden. Beide können sich sicher sein, dass die Differenzen bezüglich der Prioritäten keinen tieferen Hintergrund haben, die Chemie stimmt, es kann weitergehen.

Treten allerdings Störungen in der Beziehungsebene auf, wirken sich diese sehr schnell auf die inhaltliche Arbeit aus. Wird es nicht bald geklärt, werden die beiden Ebenen »heillos miteinander verflochten«[7] (vgl. Fortsetzung Beispiel 16).

Fortsetzung Beispiel 16

Wenn die beiden Kollegen aus dem zuvor zitierten Projekt auch auf der Beziehungsebene Schwierigkeiten miteinander haben, ist die Lage komplizierter. Angenommen, einer der beiden fühlt sich vom anderen schlecht informiert und nicht ernst genommen. In diesem Fall weiß dieser Mitarbeiter nicht, ob die Diskussion über Prioritäten nicht einen anderen, ernsthafteren Hintergrund hat. Wenn in dieser Situation einige Zeit vergeht, wird es schwierig, im Gespräch die Ebenen auseinanderzuhalten. Die beiden Ebenen verflechten sich immer mehr, der gordische Knoten ist perfekt.

Die Verflechtung der beiden kommunikativen Ebenen ist *das* wesentliche *innere Kriterium* bei sozialen Konflikten.

Was bedeutet diese Feststellung für den Umgang mit Konflikten? Nun, ganz einfach: Allein wegen einer Meinungsverschiedenheit auf inhaltlicher

Ebene entsteht kein Konflikt. Ebenso wenig entsteht ein Konflikt nur deshalb, weil man sich über jemanden geärgert hat (vgl. Beispiel 17).

Wenn Sie einen richtigen Konflikt haben möchten, dann müssen Sie sich schon die Mühe machen, beide Ebenen miteinander zu verflechten!

> **Merke!**
> Die Verflechtung der Inhalts- und Beziehungsebenen ist das wesentliche innere Kriterium bei sozialen Konflikten.

Beispiel 17

Angenommen, Projektleiter Müller bekommt in der Steuerkreissitzung von seinem direkten Vorgesetzten die Information, dass sich der Projektzeitplan verändert hat. Die Folge ist, dass er seinen Jahresurlaub verschieben muss. Herr Müller hat nun mehrere Möglichkeiten.

Wir greifen zwei davon heraus: 1. Herr Müller kann sich direkt bei seinem Vorgesetzten über die Verschiebung beschweren und so seiner Verärgerung Luft verschaffen. Wenn ihm dies einigermaßen gelingt, gibt es je nach Situation die Chance, eine für Herrn Müller positive Lösung zu finden. Auf jeden Fall sind die Dinge beim Namen genannt und so weit als möglich geklärt. Wir sprechen in diesem Fall nicht von einem Konflikt.

2. Angenommen, Herr Müller traut sich nicht, das Thema direkt bei seinem Vorgesetzten anzusprechen, vielleicht weil dieser ein nicht ganz einfacher Chef ist oder weil er ohnehin nicht daran glaubt, dass noch etwas zu ändern ist. Deshalb diskutiert Herr Müller im Steuerkreis – in Anwesenheit seines Vorgesetzten – über Sinn und Unsinn solcher Verschiebungen generell und über die Qualität der Steuerung im Allgemeinen.

Sie ahnen wahrscheinlich, wohin der Hase läuft.

Dadurch, dass Herr Müller sehr verärgert über die Verschiebung seines Jahresurlaubs ist, vergreift er sich ein wenig im Ton und diskutiert mit mehr Vehemenz, als ihm und der Sache guttut. Sein Vorgesetzter fühlt sich – wie der gesamte Steuerkreis – angegriffen und wehrt sich dementsprechend.

Wir wollen dieses Beispiel an dieser Stelle nicht weiterführen, denn je nach individueller Empfindlichkeit und Kultur des jeweiligen Unternehmens kann die Sache so oder so ausgehen. Das Beispiel veranschaulicht, dass erst durch die Verstrickung der Inhaltsebene (Qualität der Steuerung und Zeitplanung) mit der Beziehungsebene (Verärgerung über die Verschiebung des Urlaubs) der eigentliche Konflikt entsteht.

So viel zur Beantwortung der dritten Frage dieses Kapitels. Wir haben also eine schlechte Nachricht: Inhalts- und Beziehungsebene, und vor allem deren Verstrickung, haben einen großen Einfluss auf die Entstehung von Konflikten. Dies ist gleichzeitig eine gute Nachricht: Da wir jetzt wissen, was das zentrale Problem sozialer Konflikte ist, wissen wir auch, wo wir ansetzen können. Dazu später mehr.

Die Fieberkurve der Konflikteskalation

In Anlehnung an Thomann[8], der die Entwicklung von Konflikten mit einer Fieberkurve vergleicht, wollen wir uns die Temperaturentwicklung bei der Entstehung und Eskalation von Konflikten einmal näher betrachten (vgl. Abbildung Fieberkurve der Konflikteskalation).

Betrachten wir in dieser Abbildung einmal den Anstieg von 36° Celsius bis 40° Celsius. Das Quadrat im Feld 36° Celsius zeigt vereinfacht die Inhaltsebene (oben) und die Beziehungsebene (unten) der Kommunikation. Wenn Konfliktchen sich anbahnen, beginnen die beiden Ebenen – wie im Kapitel zuvor beschrieben –, sich miteinander zu verflechten. Wird nichts dagegen unternommen, steigt die Temperatur der Fieberkurve weiter an.

Im Bereich des latenten Konflikts, also bei 37° Celsius, spürt jeder Beteiligte, dass aus dem Konfliktchen gerade ein Konflikt wird. Kleinere Auseinandersetzungen kennzeichnen den Weg in die höheren Temperaturregionen.

Bei 39 und 40° Celsius gibt es kaum noch Erfolg versprechende Maßnahmen, die man als direkt am Konflikt Beteiligter ergreifen kann. Dies ist der Bereich der Konfliktklärung von außen, wobei von außen nicht bedeuten muss, dass ein externer Berater hinzugezogen werden muss. Hier kann auch ein entsprechend geschulter Kollege, evtl. aus der Personalabteilung, unterstützend eingreifen.

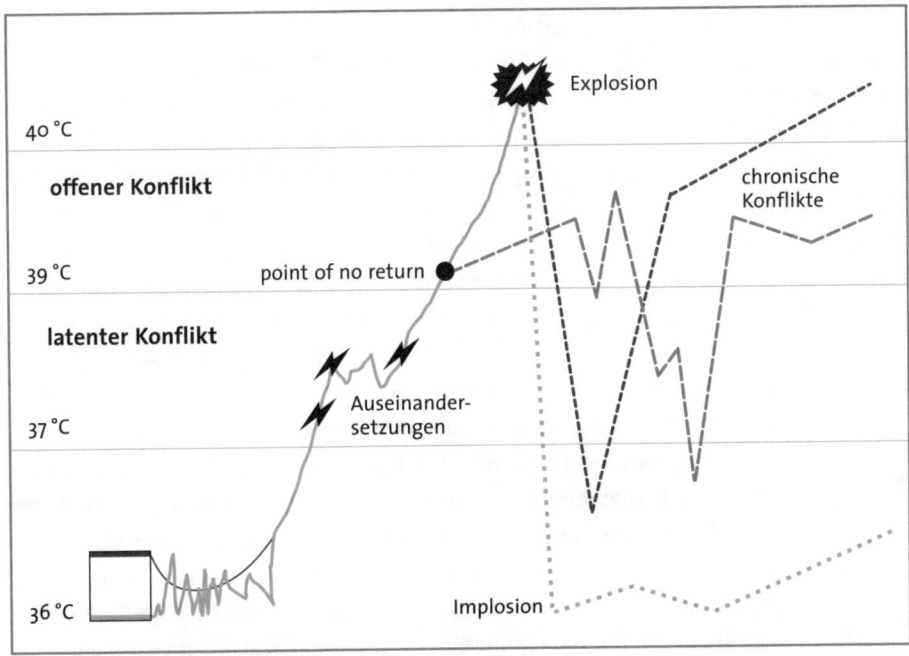

Abb.: Fieberkurve der Konflikteskalation

Da man im Bereich ab 39° Celsius aufwärts kaum noch selbst eingreifen kann, liegt folgende Schlussfolgerung nahe: Im Bereich des latenten Konflikts müssen geeignete Maßnahmen ergriffen werden, um eine weitere Eskalation und das Überschreiten des »point of no return« zu verhindern. Diese Maßnahmen sind das zentrale Thema in den Kapiteln 5–8.

Merke!
Im Bereich des latenten Konflikts muss etwas getan werden. Ist der »point of no return« erst einmal überschritten, ist es zu spät!

Kommen wir noch einmal zurück auf unsere Grafik: Bei 37° Celsius gibt es häufig kleinere oder größere Auseinandersetzungen, die im ungünstigen Fall an Intensität zunehmen (vgl. Beispiel 18).

Fettnapf!
Bei einem *latenten*
Konflikt keine Klärung
per E-Mail versuchen.
Die Chance, es schlim-
mer zu machen, ist sehr
groß.

Beispiel 18
In einer Abteilung eines kleineren mittelständischen Unternehmens kümmern sich zwei Mitarbeiter feder-führend um den Auftragseingang. Einer der beiden stieß aus einer anderen Abteilung erst vor kurzem dazu, der andere Mitarbeiter ist schon viele Jahre mit dieser Aufgabe betraut. Der langjährige Mitarbeiter hat den Eindruck gewonnen, dass der Neue Abläufe verändern möchte, und fühlt sich in seiner Expertise nicht oder nur wenig gewürdigt. Der neu hinzugekom-mene Mitarbeiter kennt die Abteilung Auftragseingang von außen schon seit Jahren und möchte Dinge, die ihm aus der Außenperspektive aufgefal-len sind, einbringen. Hierbei fühlt er sich von seinem Kollegen sehr gebremst. In mehreren Gesprächen verstärkt sich nun die Verstrickung von Inhaltsebene (Für und Wider von Arbeitsabläufen) mit der Beziehungs-ebene (Wertschätzung). Gehen wir weiterhin davon aus, dass die beiden Kollegen diese Dinge nicht konkret ansprechen, sondern weiterhin auf der Ebene des Inhalts, der Sinnhaftigkeit der Arbeitsabläufe, diskutieren.

Noch befinden wir uns auf 36° Celsius, nähern uns aber zielsicher den 37° Celsius auf unserer Fieberkurve der Konflikteskalation. Die Diskussio-nen werden intensiver: Die Diskussion verlagert sich in größere Gremien, beispielsweise in Gespräche mit der Führungsebene, mit dem Außendienst oder der Produktion. Die nun größere Öffentlichkeit verstärkt das Beharren auf dem eigenen Standpunkt und der Suche nach Mehrheiten. Sehr häufig gehen die verbalen Auseinandersetzungen über in teilweise schriftlich geführte Auseinandersetzungen. Die Vorgesetzten oder/und Nachbar-abteilungen werden in den Mails zunehmend auf »cc« gesetzt. Es eskaliert immer mehr.

Gerücht!
Wenn ich nur lange
genug warte, wird der
Konflikt schon wieder
vergehen.

So wie in Beispiel 18, oder so ähnlich, verlaufen normalerweise Konflikte im Bereich der 37° Cel-sius. In dieser Phase spüren dann auch Mitarbeiter und Kollegen, dass nicht mehr alles im grünen Bereich ist. Doch niemand spricht es an. Alle machen nach außen hin gute Miene zum »bösen«

Spiel, im Innern sind die Beteiligten verletzt oder beleidigt und ziehen »ihr Ding durch«, wohl wissend, dass es eigentlich um etwas anderes geht.

Kleinigkeiten bringen nun das Fass zum Überlaufen, und nach Überschreiten des »point of no return« eskaliert der latente Konflikt und wird zum offenen Konflikt. Es gibt keine Möglichkeit mehr, das Ganze ruhig anzusprechen, man fürchtet auszurasten, wenn die Sache angesprochen würde. Wenn nicht eingegriffen wird, steigt die Fiebertemperatur weiter an und der Konflikt mündet in eine der folgenden Varianten:

Chronifizierung (gestrichelte Linien in der Abbildung)

Bereits am »point of no return« kann der Konflikt chronisch werden. Wenn zwei Parteien miteinander einen chronischen Konflikt haben, so ist es sehr leicht zu bemerken. Ich bin sicher, Sie waren schon Zeuge solcher chronischen Konflikte. Die beteiligten Personen sprechen entweder übertrieben höflich miteinander oder machen durch spitze Bemerkungen zwischen den Zeilen die gegenseitige Abneigung deutlich. Jeder im Raum bemerkt dann die spannungsgeladene Stimmung, die Beteiligten selbst allerdings verneinen in aller Regel die Existenz eines Konflikts immer noch. Entsprechend der Darstellung in der Grafik verändert sich ein solcher chronischer Konflikt im Laufe der Zeit, er ist – was die Temperatur angeht – Schwankungen unterworfen. Wenn die Temperatur sinkt, bedeutet dies jedoch nicht, dass der Konflikt gelöst ist. Ein falsches Wort zur falschen Zeit, und schon steigt der chronische Konflikt wieder an. Resultat ist häufig ein über lange Zeit festgefahrener, verbissener Konflikt mit zahlreichen Sticheleien ohne entkrampfende Explosionen.

Implosion (gepunktete Linie in der Abbildung)

Ein Konfliktpartner geht in die innere Immigration, der Konflikt erkaltet, von außen ist kaum noch etwas wahrnehmbar, die Temperatur sinkt.

Explosion

Die Konfliktpartner explodieren, es kommt zur offenen Auseinandersetzung. Wichtig: Damit ist nicht ein bloßes »Aus-der-Haut-Fahren« eines oder beider Beteiligten gemeint, sondern deutlich mehr. Die Streithähne giften sich über mehrere Minuten an, und es entsteht ein verbaler Schlagabtausch mit Argumenten unter der Gürtellinie (z. B. »*Sie sind doch schon immer ein … gewesen*«).

Merke!

Wird ein Konflikt nach einer *Explosion* nicht bearbeitet, führt der Weg in einen *chronischen* Konflikt.

Geschichten, die schon länger zurückliegen, finden jetzt (endlich) ein Ventil.

Achtung: nicht zu verwechseln mit einer Meinungsverschiedenheit. Manchmal »explodieren« Streithähne auch bei bloßen Meinungsverschiedenheiten. Das bedeutet dann, dass man sich heftig und eventuell auch laut über unterschiedliche Standpunkte streitet. Die Beteiligten wissen in diesem Fall aber zu jeder Zeit, worum es geht, und können dies auch klar darstellen und erläutern (vgl. Kap. 1, S. 17 ff.)

In der echten Konfliktexplosion werden Inhalts- und Beziehungsebene derart vermischt, dass die Beteiligten kaum in der Lage sind, einem Außenstehenden zu erklären, was sich gerade genau abspielt.

Was man als Beobachter normalerweise nach einer solchen Explosion erlebt, ist eine Mischung aus Schock und Erleichterung. *Schock*, weil man solch einen Streit nie für möglich gehalten hätte, vor allem nicht ausgetragen mit einer solchen Vehemenz. *Erleichterung*, weil es nun endlich ausgesprochen ist. Die kathartische – also reinigende – Wirkung ist das positive Ergebnis einer Explosion. Allerdings das einzige positive Ergebnis. Besser wäre es, die reinigende Wirkung würde ohne Explosion erzielt werden können. Ein möglicher Weg dahin besteht, wie bereits angesprochen, darin, früher zu agieren, bereits bei 36 oder 37° Celsius. Wird nach der Explosion nichts getan, sondern die Strategie »business as usual« umgesetzt, führt eine Explosion mit ziemlicher Sicherheit in einen chronischen Konflikt.

Speziell in Business-Kontexten gibt es noch eine weitere Möglichkeit der Konfliktlösung: Wenn der Konflikt selbst nicht zu lösen scheint, dann kann man sich ja immer noch vom Konfliktpartner lösen. Man sucht eine neue Abteilung, einen neuen Arbeitgeber oder man veranlasst – wie auch immer das geschehen mag –, dass der Konfliktpartner wegbefördert wird.

Konflikte in Unternehmen

Konflikte in Unternehmen folgen ganz bestimmten Mustern. Sie eskalieren meist auf einer anderen Ebene als dort, wo sie ursprünglich entstanden sind. Jüsters Modell[9], das unterschiedliche Aspekte der Zusammenarbeit beleuchtet, verdeutlicht diesen Zusammenhang (vgl. Abbildung: Aspekte der Zusammenarbeit).

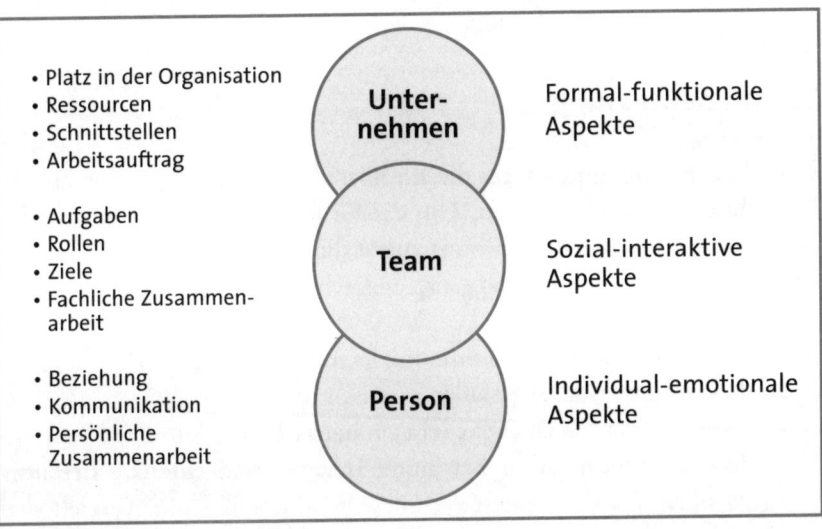

Abb.: Aspekte der Zusammenarbeit

Wenn beispielsweise zwei Teamkollegen in einem Konflikt stecken und emotional aneinandergeraten, liegt die Ursache oft woanders.

Die beiden Kollegen haben einen Konflikt, der auf der Ebene der persönlichen Zusammenarbeit sichtbar wird und dort auch eskaliert (individual-emotionale Aspekte). Entstanden ist dieser Konflikte aber eventuell erst durch missverständliche Arbeitsaufträge (formal-funktionale Aspekte) oder widersprüchliche Ziele (sozial-interaktive Aspekte).

Mit anderen Worten: Die beiden Kollegen aus unserem Beispiel haben vielleicht zuvor über eine lange Zeit sehr gut zusammengearbeitet. Durch Veränderungen im Unternehmen oder Unklarheiten im Team entstehen neue Schnittstellen, die mitunter Konkurrenzsituationen mit sich bringen. Diese erst lösen den Konflikt auf der Ebene der persönlichen Zusammenarbeit aus.

Würde in diesem Fall die Konfliktlösung sich nur auf die persönliche Zusammenarbeit konzentrieren, würde man zu kurz springen. Der Konflikt würde erneut aufflammen. In der Aufarbeitung des Konflikts müssen deshalb neben der persönlichen Zusammenarbeit sowohl Aufgaben, Rollen, Ziele als auch Arbeitsauftrag, Ressourcen usw. beleuchtet werden.

Zusammenfassung

In diesem Kapitel ging es um die Einflüsse, die Kommunikation auf das Entstehen von Konflikten hat. Um die Grundzüge der Kommunikation besser zu verstehen, haben wir uns zuerst die vier wesentlichen Prinzipien (Axiome) der Kommunikation genau angeschaut und mit Beispielen belegt:

1. Man kann nicht nicht kommunizieren.
2. Kommunikation ist zirkulär.
3. Kommunikation ist entweder symmetrisch oder komplementär.
4. Jede Kommunikation hat einen Inhalts- und einen Beziehungsaspekt.

Das vierte Axiom hat besonderen Einfluss auf die Eskalation von Konflikten, denn die heillose Verflechtung von inhaltlichen und beziehungsorientierten Elementen ist der *innere* Faktor, den es zu beachten gilt.

Das Inhalt-Beziehungs-Modell der Kommunikation macht deutlich, dass der wesentliche Teil des Erfolgs der Kommunikation auf der Beziehungsebene liegt. Es geht dabei nicht um einen »Schmusekurs«, sondern um das Verstehen und das Eingehen auf die sogenannte *innere Landkarte* (vgl. S. 40) des Gesprächspartners.

Die Fieberkurve der Konflikteskalation zeigt auf, dass Konflikte, wenn sie nicht angegangen werden, unweigerlich eskalieren werden. Es liegt somit an jedem selbst, ob er warten möchte, bis die Lage verworren genug ist, oder ob er so rasch wie möglich eine Klärung anstrebt.

3

Was verschärft soziale Konflikte?

Als ob die Beschreibung der Konflikteskalation im vorangegangenen Kapitel nicht schon brisant genug gewesen wäre, wollen wir uns in diesem Kapitel um die Verschärfung von sozialen Konflikten kümmern. Sowohl gesellschaftliche Veränderungen als auch individuelle Präferenzen tragen dazu bei.

Verschärfung durch Faktoren der Motivation

Betrachten wir nun einmal genauer die individuelle Seite im Erleben von konfliktgeladenen Situationen und machen dazu einen Ausflug in die Motivationstheorie mit dem Ziel, diese dann anhand von praxisnahen Beispielen zu veranschaulichen. Es gibt in der Motivationstheorie unterschiedliche Ansätze, das Verhalten von Menschen zu erklären. Einer davon ist der Versuch der Erklärung aufgrund von Bedürfnissen. Ein Bedürfnis wird hierbei als Defizit angesehen, das zu einem Wunsch nach Befriedigung führt. Die bekannteste Darstellung ist die hierarchische Bedürfnispyramide nach Maslow[10] (vgl. Abbildung Bedürfnispyramide).

Maslow geht davon aus, dass es eine Hierarchie von Bedürfnissen gibt, die von den grundlegenden physiologischen Bedürfnissen zu den komplexeren psychischen Motiven aufsteigt. Physiologische Bedürfnisse stellen in dieser Theorie die unterste Stufe dar. Habe ich Hunger, befriedige ich das Bedürfnis, indem ich esse. Erst danach entsteht der Wunsch nach Befriedigung anderer Bedürfnisse. An zweiter Stelle steht das Bedürfnis nach Sicherheit. Sicherheit im konkreten physischen Sinne, aber auch im übertragenen Sinne, also die Sicherheit des Arbeitsplatzes, der finanziellen Unabhängigkeit oder Ähnliches.

Zitat!
»Erst kommt das Fressen, dann die Moral.«
Bertolt Brecht

Platz drei nehmen die Bindungsbedürfnisse ein. Im Geschäftsleben bedeutet Bindung, zu einem Team, zu einer Gruppe oder einem Unternehmen dazuzugehören, dort einen Platz zu haben.

Abb.: Bedürfnispyramide

Rang vier wird von den Bedürfnissen nach Wertschätzung und Anerkennung besetzt. Danach kommen die kognitiven Bedürfnisse; hier geht es um das Verstehen von Vorgängen, das Wissen um Zusammenhänge.

Auf den oberen beiden Rängen der Hierarchie sind die ästhetischen Bedürfnisse und das Bedürfnis nach Selbstverwirklichung platziert.

So viel zur Theorie, jetzt zur praxisrelevanten Anwendung. Wir wollen uns genauer anschauen, welchen Zusammenhang es zwischen individuellen Bedürfnissen und der Entstehung und Eskalation von Konflikten gibt. Zu Beginn ein Beispiel aus der Praxis, das die Wirkung der Bedürfnispyramide ganz allgemein verdeutlicht (vgl. Beispiel 19):

Beispiel 19

Herr Bauer, langjähriger Mitarbeiter eines Unternehmens, ist grundsätzlich zufrieden mit seinem Job. Zwischen den Zeilen aber beschwert er sich über einige, seiner Ansicht nach unzulängliche Details. So ist er beispielsweise unzufrieden darüber, dass er über für ihn relevante Entscheidungen des Managements nicht oder zu spät informiert wird. Auch bemängelt er die unpraktische und veraltete Büroausstattung. Und es stört ihn die mangelnde Wertschätzung: »Da arbeitet man tagaus, tagein seit 15 Jahren für das Unternehmen, aber gelobt wird man hier nicht.«

Als das Unternehmen unerwartet in Schieflage kommt, verbreitet sich das Gerücht über betriebsbedingte Kündigungen. In solchen Situationen ist fast immer festzustellen, dass Beschwerden über die oben genannten Punkte zurückgehen. Herr Bauer sorgt sich jetzt deutlich mehr um seinen Arbeitsplatz, und diese Sorge entsteht unabhängig davon, wie sehr sein Arbeitsplatz real gefährdet ist.

In Zeiten, in denen die Sicherheit des Arbeitsplatzes (Stufe 2 der Hierarchie) nicht gefährdet ist, geraten höher platzierte Bedürfnisse in den Blick. In unserem Beispiel waren dies die fehlende Wertschätzung (Stufe 4), das Nicht-Verstehen von Managemententscheidungen (kognitive Bedürfnisse, Stufe 5) und der Wunsch nach neuer Büroausstattung (ästhetische Bedürfnisse, Stufe 6). Es wäre folglich falsch, dem Mitarbeiter aus unserem Beispiel vorzuwerfen, es wären Luxusprobleme, über die er sich früher beschwert hatte. Denn zum einen liegt der Wunsch, immer neue, andere Bedürfnisse zu befriedigen, in der Natur des Menschen. Zum anderen gilt die Regel, dass, wenn eines der zentralen Bedürfnisse an der Basis der Pyramide nicht erfüllt ist, die höheren Bedürfnisse ganz einfach aus dem Blick geraten.

Manchmal treibt der Wunsch nach Befriedigung immer höherer Bedürfnisse allerdings besondere Blüten: Da zieht es den einen oder anderen unter dem Stichwort Selbstverwirklichung (Stufe 7) schon einmal zum »Töpfern in die Toskana«, zum »Segeln nach Spitzbergen« oder zum »Fahrertraining auf die Nordschleife« nach dem Motto, alles andere habe ich ja schon, gehen wir also Stufe 7 – Selbstverwirklichung – an!

Das Wissen um die Bedürfnispyramide macht die Brisanz deutlich, die vielen Konflikten zugrunde liegt. Auf dem Feld der Beziehungsebene spielen die Bedürfnisse, und hier besonders die nicht erfüllten Bedürfnisse, eine wesentliche Rolle.

Ein Mitarbeiter, der sich im Team nicht wohlfühlt, der vielleicht sogar den subjektiven Eindruck hat, keinen richtigen Platz zu haben im Team (Stufe 3 der Bedürfnispyramide), wird in hitzigen teaminternen Diskussionen anders vorgehen als ein Kollege, der sich seines Platzes und der Anerkennung der übrigen Kollegen sicher sein kann. Seine Kollegen spüren das unbewusst oder bewusst, wundern sich darüber und wenden sich vielleicht sogar noch mehr von ihm ab. Diese Verhaltensweise bestärkt wiederum unseren Mitarbeiter in seinem Gefühl, nicht anerkannt zu sein.

Nicht erfüllte Bedürfnisse beeinflussen das Verhalten insgesamt, und besonders natürlich das Vorgehen in kritischen Situationen, also in Konflikten. Je näher die nicht erfüllten Bedürfnisse der Basis der Pyramide sind, desto stärker ist die Wirkung: Etwas nicht bis ins Detail zu verstehen (Stufe 5) hat weniger Tragweite als die Sorge, nicht zum Team zu gehören (Stufe 3) oder gar den Arbeitsplatz gefährdet zu sehen (Stufe 2).

Die Bedürfnisse des Individuums sind dementsprechend ein wichtiger Schlüssel zum Verständnis und zur Lösung solch schwieriger Gesprächssituationen.

Verschärfung durch Faktoren der Emotion

Soll man als Mitarbeiter oder Führungskraft emotional sein oder lieber die sachliche Seite betonen? Unabhängig von der Feststellung, dass es die ideale Führungskraft, den perfekten Mitarbeiter ohnehin nicht gibt, wird diese Frage häufig gestellt.

Nach meiner Erfahrung ziehen viele Mitarbeiter und Führungskräfte – vor allem in deutschen Unternehmen – die sachliche Karte.

Gerücht!
Emotionen haben im Geschäftsleben nichts zu suchen.

Die Gründe hierfür sind vielfältig: Zum einen sagt man uns Deutschen ja nicht gerade nach, sehr begeisterungsfähig zu sein. Obwohl sich dieses Bild von außen und von innen seit der Fußballweltmeisterschaft in Deutschland wohl geändert haben dürfte. Die gering ausgeprägte Begeisterungsfähigkeit zeigt sich äußerst plakativ am Beispiel Auto (vgl. Beispiel 20).

Beispiel 20
Der Deutsche – wir bleiben jetzt mal im Klischee – steht vor einem schicken Auto und sagt mit den Händen in den Taschen »Tolle Karre«. Der Italiener springt um einen Ferrari herum und ruft wild gestikulierend begeistert aus »che bella macchina!«. Dabei hebt er fast ab.

Es gibt also landsmannschaftliche Unterschiede, die zu einer mehr oder weniger emotionalen Ausdrucksweise führen.

Ein weiterer Grund ist, dass sich viele – und dies gilt vor allem für Führungskräfte – dem Irrglauben hingeben, Emotionen hätten im Geschäftsleben nichts zu suchen. Das ist natürlich Unsinn. Ich wage an dieser Stelle die Prognose, dass nur diejenige Führungskraft langfristig richtig erfolgreich sein wird, der es gelingt, eigene Emotionen zu zeigen und Menschen bei den Emotionen zu packen. Es ist natürlich klar, dass es nicht darum gehen kann, allen Emotionen freien Lauf zu lassen oder gar cholerisch zu sein. Ziel muss vielmehr sein, seine Emotionen im Griff zu haben. »Im Griff haben« bedeutet, beispielsweise eigenen Unmut oder Ärger zu zeigen, ohne sich davon bestimmen zu lassen. Beides ist kontraproduktiv, sowohl das Unterdrücken eigener Emotionen als auch das ungezügelte Ausleben.

Wenn wir diese Informationen mit unserem Wissen über das Entstehen und die Eskalation von Konflikten verknüpfen, wird deutlich, dass der professionelle Umgang mit eigenen Emotionen von großer Relevanz ist. Nur wem es gelingt, die eigenen Emotionen zu erkennen und in die Konfliktlösung mit einzubringen, der hat eine Chance, auf diesem Gebiet erfolgreich zu sein. Denn zu den wesentlichen Elementen der Beziehungsebene gehören nun einmal die Emotionen.

Alltagssprachlich wird der Begriff *Emotion* häufig als Synonym für *Gefühl* verwendet, so wollen wir das hier auch tun. Emotionen beinhalten mehrere Komponenten. Zum einen innere Komponenten:

▶ subjektives Erleben,
▶ innerliche Körperreaktionen,
▶ Gedanken zur Emotion,
▶ Einschätzungen (Klassifizierung) der Emotion,

zum anderen äußere Komponenten:

▶ Gesichtsausdruck,
▶ sichtbare Reaktionen auf die Emotion,
▶ Handlungstendenzen.

Besonders die äußeren Reaktionen sind kulturell beeinflusst – siehe auch unser Beispiel der Autobegeisterung der Deutschen und der Italiener.

Unter Emotionen fallen Begriffe wie das Gefühl der Wut, des Zorns, der Freude, der Gelassenheit, des Frusts, der Enttäuschung, der Unsicherheit, usw. Diese Begriffe fassen das Zusammenspiel unterschiedlicher körperlicher Zustände und Reaktionen zusammen. Nehmen wir einmal das Beispiel Ärger: Der Blutdruck steigt, der Magen zieht sich zusammen, der Blick verengt sich, die Muskulatur verkrampft sich mehr und mehr.

Das Zusammenspiel dieser Körperempfindungen können wir *Ärger* nennen. Andere nennen es vielleicht *Wut* oder *Zorn*. Das Gefühl *Ärger* gibt es also im sensorischen Ursprung gar nicht, sondern ist eine Bezeichnung für eine Akkumulation unterschiedlicher, einzelner Körperempfindungen.

Auch für Menschen, die mit Emotionen nicht so sehr viel anfangen können, ist der Umgang mit Gefühlen und Emotionen lernbar. Denn es geht nicht darum, eigene Emotionen sofort benennen zu können, sondern aufmerksam zu sein für einfache und elementare Empfindungen. Beispielsweise: Kribbeln im Bauch, Pulsrasen, Schweißausbruch, heißer Kopf, Muskelverkrampfung.

Die zunehmende Fokussierung auf die Körperwahrnehmung ist also der erste Schritt.

Der zweite Schritt ist dann zu überlegen, welche Bezeichnung – also welchen Namen – man dieser Kombination geben möchte. Für den einen ist die Kombination aus Kribbeln im Bauch, schneller Puls und feuchte Hände das Gefühl vor einem vielversprechenden Rendezvous, für den anderen vielleicht das Gefühl nach einer erfolgreichen Präsentation.

Der dritte Schritt besteht darin, sich der äußeren Komponenten bewusst zu werden: Wie reagiere ich normalerweise auf diese Emotionen, was sind die für mich typischen Handlungstendenzen?

Sich seiner Emotionen und seiner Gefühle bewusst zu sein hat also nichts mit Gefühlsduselei oder gar mit »*Piep, piep, piep, wir ham' uns alle lieb*« zu tun, sondern ist wesentlicher Bestandteil erfolgreichen Wirkens im Business und auch im Privatleben.

Auch wenn es zur Überzeugung des geneigten Lesers wahrscheinlich nicht notwendig wäre, möchte ich hier noch zwei weitere Argumente anführen:

1. In Emotionen steckt unglaublich viel Energie. Das bemerken wir immer dann, wenn uns die Vorfreude auf ein schönes Ereignis überkommt und wir dann vielleicht strahlen wie ein Honigkuchenpferd. Auch im Falle negativer Emotionen spüren wir sehr schnell die Wucht und die Kraft, die dahintersteckt. Sei es, wenn wir aus der Ferne einen Streit beobachten, oder sei es, wenn wir im Geschäftsleben unangenehme Nachrichten weitergeben müssen.

2. Wenn man sich Emotionen nicht bewusst macht und sie auf lange Sicht unterdrückt, so sind bei so manchen Managern psychosomatische Beschwerden wie z. B. Magengeschwüre die unangenehme Konsequenz.

So, genug des Plädoyers für die Berücksichtigung von Emotionen. Ich hatte ja in der Einleitung versprochen, dass dieses Buch nicht versuchen würde, Sie zu einem besseren Menschen zu machen; daran möchte ich mich auch halten. Insofern entscheiden Sie doch einfach selbst, wie Sie es in Zukunft mit den Emotionen halten möchten.

Exkurs: Die Unterschiede von Mann und Frau im Konflikt

Gibt es Unterschiede im Konfliktverhalten von Mann und Frau? Diese Frage höre ich immer wieder in Veranstaltungen zum Thema Konfliktlösung. Die Antwort bedient natürlich ein Klischee. Und genauso wie bei der Differenzierung zwischen Deutschen und Italienern lassen sich nicht alle Unterscheidungen eins zu eins im Alltag wiederfinden. Deshalb möchte ich Sie bitten, nach dem Lesen dieses Exkurses selbst zu prüfen, inwieweit Sie ähnliche Beobachtungen im Alltag gemacht haben und inwieweit Sie diese Unterscheidungen für Ihre eigene Person zutreffend finden.

Gemeinhin haben Frauen einen besseren Zugang zu Gefühlen und Emotionen. Männer neigen eher zu Sätzen wie *»Lass uns sachlich bleiben«*. Welche Konsequenzen hat dies nun für das Konfliktverhalten? Aus den Erfahrungen der Trainingsveranstaltungen und Coachings habe ich den Eindruck gewonnen, dass es Frauen leichter fällt, Emotionen zu erkennen und zu verbalisieren. Das liegt vielleicht daran, dass Frauen mehr Übung darin haben, sich mit anderen über ihre Erlebnisse auszutauschen. Aufgrund der Erfahrung aus den Gesprächen mit anderen fällt es Frauen leichter, Inhalt und Beziehungsebene zu trennen und die jeweiligen entscheidenden Faktoren zu erkennen.

Die Kehrseite der Medaille ist, dass Frauen auch mehr Wert auf eine gute Beziehungsebene legen. *»Man muss sich im Job ja nicht lieben.«* Mit solchen Sätzen werden Männer weniger schnell ausgehebelt als Frauen.

Beide Seiten haben also etwas zu tun: Frauen sollten die Fähigkeit, intuitiv eigene und fremde Gefühle wahrzunehmen und zu verbalisieren, beibehalten und sich gleichzeitig um ein Stück mehr emotionale Distanz zu kritischen Situationen und den häufig (zu) rational orientierten männlichen Kollegen bemühen. Männer sollten sich ihre kritische Distanz bezüglich allzu turbulenter, zwischenmenschlicher Diskussionen zwar bewahren, aber sich gleichzeitig um eine Öffnung zu dieser sehr spannenden, emotionalen Seite bemühen.

Verschärfung durch Faktoren der Wahrnehmung

Nehmen wir noch einmal das Thema unterschiedliche Landkarten (vgl. Kap. 2, S. 40) in den Blick. Es gibt in unserer Umgebung so viele Sinneseindrücke – so vieles gleichzeitig zu hören und zu sehen –, dass wir aus dieser Vielzahl auswählen müssen. Dies geschieht unbewusst. Faktoren, die diese Auswahl und somit auch die Wahrnehmung beeinflussen, sind:

▶ Perspektive,
▶ Interessen,
▶ Einstellungen, Werte,
▶ Kultur, auch Unternehmenskultur.

Hierzu ein Beispiel: Wer in einer typischen südländischen Familie aufwächst – alle reden laut und durcheinander –, dem fällt eine laute Diskussion im Betrieb zuerst einmal gar nicht auf. Im Gegensatz dazu wird ein Mitarbeiter, bei dem zu Hause der ruhige, sanftmütige Meinungsaustausch angesagt war, sofort aufhorchen, wenn zwei Kollegen laut miteinander diskutieren. Die Kultur, in der jemand aufgewachsen ist, beeinflusst so die Auswahl und somit auch die Wahrnehmung.

Auf Basis unserer Wahrnehmung entstehen Landkarten, auch das *innere Bild der Wirklichkeit* genannt. Diese Landkarten bestimmen, wie wir Dinge

▶ beschreiben: z. B. *»Die beiden diskutieren in voller Lautstärke«*,
▶ erklären: z. B. *»Wenn zwei laut diskutieren, dann streiten sie sich«*, und
▶ bewerten: z. B. *»Streiten ist blöd«*.

Die Landkarten wiederum beeinflussen unsere Wahrnehmung, diese natürlich erneut unsere Landkarten und so weiter und so weiter. Bezogen auf Konflikte bedeutet dies: Wir können, ja müssen immer davon ausgehen, dass andere aufkommende Streitigkeiten anders wahrnehmen, erklären und bewerten, als wir das tun. Diese Phänomene werden uns im weiteren Verlauf des Buches noch beschäftigen.

Verschärfung durch Reaktionen unter Druck

In diesem Kapitel möchte ich Ihnen unterschiedliche Verhaltensweisen vorstellen, die sich vor allem unter Druck – also auch bei Konflikten – zeigen. Diese sind abgeleitet von den sogenannten Satir-Kategorien[11], entwickelt von Virginia Satir, einer amerikanischen Spezialistin für familiensystemische Arbeit. Sie hat in vielen Jahren der Arbeit mit Menschen herausgefunden, dass es typische, immer wiederkehrende Reaktionen gibt, die von Menschen unbewusst eingesetzt werden, wenn sie unter Druck geraten.

Um diese Kategorien für organisationale Systeme anwendbar zu machen, habe ich sie in einigen Punkten etwas abgewandelt.

Vier Grundmuster sind bei typischen Reaktionen unter Druck zu unterscheiden: *Ablenken, Beschwichtigen, Anklagen* und *Rationalisieren*.

Zur Veranschaulichung ziehen wir wieder ein Beispiel heran (vgl. Beispiel 21):

Merke!
Menschen reagieren »typisch«, wenn sie in einen Konflikt kommen.

Beispiel 21
Angenommen, Sie betreuen zusammen mit einem Kollegen ein regionales Kundensegment. Für eine Präsentation bei diesen Kunden haben Sie gemeinsam mit dem Kollegen Informationen zusammengestellt und eine Präsentation vorbereitet. Gehen wir weiterhin davon aus, Sie hätten mit dem Kollegen vereinbart, dass er Ihren gemeinsamen Chef von dieser Veranstaltung im Detail informiert und speziell auch darüber in Kenntnis setzt, dass er einen Part darin übernehmen soll. Wenige Tage vor der Veranstaltung erfahren Sie durch Zufall, dass Ihr Chef über die Veranstaltung zwar informiert ist, von seiner aktiven Rolle darin allerdings nichts weiß. Sie sind darüber verärgert und suchen das Gespräch mit Ihrem Kollegen. Dieser fühlt sich natürlich unter Druck gesetzt und reagiert entsprechend aufgebracht.

Im Folgenden tun wir so, als würden Menschen, in diesem Fall Ihr Kollege, mit genau einer dieser vier Grundformen reagieren. Im Alltag ist das leider nicht immer so leicht zu identifizieren, aber um die Grundmuster der

Reaktionen unter Druck deutlich zu machen, ist dieser methodische Schritt angebracht.

1. Grundmuster: Ablenken (vgl. Beispiel 21 a)

Beispiel 21 a

Ihr Kollege antwortet also folgendermaßen: »Ja, stimmt, habe ich verschwitzt, aber gut, dass wir uns jetzt so kurz vor der Veranstaltung nochmals treffen, ich wollte ohnehin mit dir nochmals über den Part unseres Chefs sprechen. Mir ist nämlich aufgefallen, dass es im Fahrplan für die Veranstaltung noch einige Ungereimtheiten gibt, insbesondere was die Abfolge der Präsentationen angeht. Also ich schlage Folgendes vor, ...«

Das Grundmuster besteht darin, zuerst den Fehler einzugestehen, um dann aber sofort auf ein anderes Thema überzuleiten. Profis – und ich glaube, davon gibt es auch in Ihrem beruflichen Umfeld einige – gelingt es, dies so geschickt zu machen, dass es Ihnen bis zum Ende des Gesprächs gar nicht auffällt. Nach einem Gespräch, in dem dieses Muster erfolgreich eingesetzt wurde, fragt man sich häufig: *»Wollte ich nicht eigentlich etwas anderes? Was wollte ich noch mal mit ihm besprechen?«*

2. Grundmuster: Beschwichtigen (vgl. Beispiel 21 b)

Beispiel 21 b

Ihr Kollege könnte auch so antworten: »Ja, ist doch nicht so schlimm. Wir wollten ja ohnehin noch einmal über die Veranstaltung sprechen, und unser Chef schüttelt so etwas normalerweise aus dem Ärmel. Insofern finde ich es nicht so tragisch. Ich verstehe gar nicht, weshalb du dich so aufregst.«

Auch dies ist ein Muster, das Sie wahrscheinlich kennen. Der Gesprächspartner nimmt Ihnen den Wind aus den Segeln oder versucht es zumindest. In den meisten Fällen steigt allerdings der Ärger an. Der Grund dafür ist einfach: Der Gesprächspartner in unserem Beispiel, Ihr Kollege, verniedlicht das Problem und spricht Ihnen somit das Recht auf Ärger ab. Wie im vorhergehenden Muster *Ablenken* ist es auch hier meistens so, dass uns das nicht vollkommen bewusst wird und wir uns deshalb auf den Austausch weiterer Argumente konzentrieren, während wir innerlich mit den Zähnen knirschen. Häufig gehen wir aus solchen Gesprächen mit Unmut heraus.

3. Grundmuster: Anklagen (vgl. Beispiel 21 c)

Beispiel 21 c
Vielleicht antwortet Ihr Kollege auch so: »Gut, dass wir darüber sprechen. Ich bin auch nicht zufrieden darüber, wie unsere Vorbereitung zur Veranstaltung läuft. Ich finde, du solltest dir mal in einer ruhigen Minute überlegen, welches deine Aufgaben hinsichtlich dieser Veranstaltung sind. Wenn du deinen Teil richtig gemacht hättest, hätten wir jetzt diese Probleme nicht und die Vorbereitungen unserer Veranstaltung wären bereits abgeschlossen.«

Die zentralen Elemente dieses Vorgehens bestehen darin, dem Gesprächspartner die Schuld zuzuschieben. Es handelt sich hier nicht immer um ein Angreifen, sondern mehr um ein Anklagen. Im Beispiel habe ich, um es sichtbar zu machen, diese Anklage deutlich formuliert. In der Realität wird diese sehr häufig subtiler, zwischen den Zeilen geäußert.

Wenn man mit diesem Grundmuster konfrontiert wird – und *konfrontiert* ist hier das angemessene Wort –, spürt man eine Mischung aus schlechtem Gewissen und Empörung. Schlechtes Gewissen deshalb, weil am Vorwurf des Kollegen ja etwas dran sein könnte. Empörung, weil es recht unverschämt ist, auf einen aus subjektiver Sicht berechtigten, kritischen Hinweis mit einer Anklage zu reagieren.

Meiner Erfahrung nach führt ein solches Verhalten häufig zu sehr unangenehmen Gesprächen, die in Form eines Schlagabtauschs enden. Zusätzlich ist es so, dass wir kritische Gespräche mit Menschen, die dieses Grundmuster zeigen, eher vermeiden. Nach dem Motto: Wer will sich das schon antun?

4. Grundmuster: Rationalisieren (vgl. Beispiel 21 d)

Beispiel 21 d

Last, but not least könnte Ihr Kollege auch so antworten: »Ja, ich wollte es unserem Chef auch mitteilen, ich hatte ihm ja von der Veranstaltung bereits berichtet, als ich ihn letzte Woche bei einem Meeting getroffen habe. Ich habe da auch versucht, ihn über seinen Part zu unterrichten, hat aber nicht geklappt, weil er direkt weg musste zum nächsten Termin. Vor zwei Tagen wollte ich es eigentlich mit ihm besprechen, da kam mir aber eine Projektsitzung dazwischen, die ich noch vorbereiten musste. Und gestern hatte ich so viel zu tun, da habe ich es einfach nicht geschafft ...«.

Ich bin mir sicher, das kennen Sie. Rationalisieren, oder einfacher formuliert: Ausreden finden. Unabhängig davon, dass all die Punkte, die Ihr Kollege aus unserem Beispiel angeführt hat, natürlich auch zutreffen können und »gute« Gründe sind, ist dies ein realistisches Beispiel für Rationalisieren: Anstatt sich die eigene Verantwortung für die vereinbarte Vorgehensweise einzugestehen, winden sich Menschen mit diesem Grundmuster heraus. Wenn man nun versucht, die einzelnen tatsächlichen oder vorgegebenen Gründe zu widerlegen, kommt man vom Hölzchen aufs Stöckchen. Mit Profis aus dem Bereich Rationalisieren zu diskutieren ist vergleichbar mit einer Kleenex-Box: Immer wenn man versucht, eine Ausrede, ein Argument zu entkräften oder zu widerlegen (= man zieht ein Kleenex-Tuch aus der Box), kommt schon das nächste heraus.

Wie oben bereits angedeutet, trifft man die einzelnen Grundmuster selten in Reinform. Es ist auch nicht so, dass wir diese Gesprächstechniken bewusst oder gar in böser Absicht einsetzen würden. An dieser Stelle komme ich noch einmal auf die Satir-Kategorien zurück: Virginia Satir hat herausgefunden, dass diese Formen im Laufe der Primär- und Sekundärsozialisation gelernt werden, also in den Phasen der Erziehung und Entwicklung durch das Elternhaus, und durch Freunde, Lehrer und Ausbilder.

Es macht also keinen Sinn, dies den lieben Kollegen vorzuwerfen, denn die tun das nicht, um uns zu ärgern, sondern es ist ein angelerntes und wahrscheinlich häufig mit Erfolg eingesetztes Muster. Und »... *wer im*

Glashaus sitzt, sollte nicht mit Steinen werfen«, will heißen: Wir selbst haben auch solche Muster.

Im weiteren Verlauf des Buches (siehe Kapitel 8, S. 154 ff.) werden wir das Thema Reaktionen unter Druck abrunden, indem wir uns anschauen, wie man am besten auf diese Muster reagiert.

Verschärfungen durch wirtschaftliche Veränderungen

Ich möchte an dieser Stelle einige Bemerkungen zu wirtschaftlichen Veränderungen und deren Folgen auf die Unternehmen und die in ihnen beschäftigten Mitarbeiter machen. Es liegt mir fern, die Veränderungen in Unternehmen negativ zu beurteilen. Es geht mir vielmehr darum, aufzuzeigen, welche Auswirkungen diese auf den Umgang mit Stress, Streit und Konflikten haben.

Die Globalisierung hat das Arbeitsleben grundlegend verändert. Die Verlagerung von Arbeitsplätzen nach Osteuropa, nach Indien und in den letzten Jahren auch nach China hat den Druck genauso erhöht wie das Damokles-Schwert der feindlichen Übernahmen. Die Folge ist, dass die Schlagworte Effizienz und Effektivität, also die Frage *»Tue ich das, was ich tue, richtig?«* (Effizienz) und *»Tue ich das Richtige?«* (Effektivität), an Brisanz gewonnen haben. *Downsizing* ist durch *Rightsizing* ersetzt worden, weil es sich besser anhört und auch besser »verkaufen« lässt; der Effekt ist allerdings der gleiche: mehr oder dieselbe Leistung mit weniger Mitarbeitern.

Dies ist nicht der Platz, volkswirtschaftliche oder betriebswirtschaftliche Ursachenforschung zu betreiben. Kommen wir deshalb auf die Frage zurück, welche Auswirkungen diese veränderten Rahmenbedingungen auf die Zusammenarbeit in Unternehmen und somit auch auf potenzielle Konflikte haben. Der Zeitdruck in der täglichen Arbeit nimmt zu. Von Mitarbeitern und Führungskräften – vor allem von jenen des mittleren Managements – wird mehr denn je erwartet, dass sie volle Leistung bringen. Damit sind nicht 100 Prozent Leistung gemeint, sondern 120 oder gar 150 Prozent.

Von allen Mitarbeitern eines Unternehmens wird deutlich mehr Flexibilität verlangt. Flexibilität bedeutet nicht, bereit zu sein, ins Ausland zu wechseln, sondern bedeutet, sich jeden Tag neu einzustellen auf andere Situationen, andere Aufgaben, und vor allem auf mehr und mehr Ansprechpartner.

In den Unternehmen hat die Projektarbeit Einzug gehalten. Nicht dass es früher keine Projektarbeit gegeben hätte, aber sie war die Ausnahme, die die Regel – die Linienarbeit – bestätigte. Heutzutage ist fast jeder Mitarbeiter in irgendeines oder mehrere Projekte eingebunden. Nicht in allen Unternehmen allerdings, die wir seit Jahren begleiten, hat die Organisationsform mit dieser Tatsache Schritt gehalten.

Häufig ist es so, dass man Mitarbeiter in Projekte abstellt, ohne zuvor die Verteilung der Arbeitsbelastung genau festzulegen. *»Gehen Sie mal in das Projekt, wir schauen dann schon, wie wir Ihre Arbeit verteilen, sodass Sie da entlastet werden.«*

Dieses Problem hat mehrere Facetten: Es betrifft sowohl den Mitarbeiter des Projekts als auch den Projektleiter und die Linien-Führungskraft. Vom Mitarbeiter wird die bereits angesprochene Flexibilität und volle Leistung verlangt, von den beiden anderen zusätzlich noch, die Mitarbeiter im Projekt und in der Linie bei Laune zu halten, also zu motivieren.

Je mehr Projektarbeit, desto mehr Schnittstellen. Wenn die Zahl der Schnittstellen zunimmt, steigt auch die Zahl der Abhängigkeiten. Jetzt sind wir beim Kernproblem. Erinnern wir uns nochmals an die äußeren Faktoren der sozialen Konflikte (vgl. Kap. 1, S. 14 f.):

▸ Mindestens zwei Personen agieren in einer Situation.
▸ Jede Partei verfolgt eigene Ziele und Interessen.
▸ Es existiert ein Handlungsspielraum, in dem die Parteien eigene Entscheidungen treffen können.
▸ Die Parteien sind voneinander abhängig.

Die Unternehmen setzen Führungsinstrumente wie beispielsweise Führen mit Zielen ein, um die Leistungsfähigkeit von Abteilungen und Bereichen messbarer zu machen, mit der Konsequenz, dass jede einzelne Abteilung *eigene Ziele* verfolgt und erreichen will, ja muss.

Die Mitarbeiter bekommen im Zuge der oben angesprochenen Veränderungen mehr Verantwortung, also steigt deren *Handlungsspielraum*. Je größer die *Abhängigkeit*, desto mehr steigt die Gefahr, in konfliktähnliche Situationen zu gelangen.

Früher war es so, dass man über einen langen Zeitraum in einem unveränderten Team war, und auch die Zahl der Kollegen aus anderen Abteilungen, mit denen man konkret zu tun hatte, war überschaubar. Es gab dementsprechend auch sehr viele Kollegen, die man zwar kannte, mit denen man aber in der täglichen Arbeit keinen Kontakt hatte. Weniger Kontakte bedeutete weniger Abhängigkeiten. Heute ist dies anders (vgl. Beispiel 22).

Beispiel 22
Ein Mitarbeiter, der in einem größeren Unternehmen beschäftigt ist und neben seiner Linienarbeit auch in einigen Projekten steckt, geht in die Mittagspause. Mit den meisten Kollegen, die er dort trifft oder die ihm auf dem Weg zur Kantine begegnen, hat er bereits mehr oder weniger direkt zusammengearbeitet. Andere kennt er und ahnt, dass er mit dem einen oder anderen auch mal zusammenarbeiten wird. Die Abhängigkeiten sind folglich da oder werden noch kommen. Der Mitarbeiter aus unserem Beispiel wird sich also bemühen, mit den aktuellen und eventuell zukünftigen Kollegen ein gutes Verhältnis zu behalten oder Stück für Stück aufzubauen, nach dem Motto: Man weiß ja nie, wofür es gut ist.

Je mehr wir uns so geben können, wie wir sind, desto entspannter sind wir. Je mehr wir uns bei der Arbeit bemühen, uns von einer positiven Seite zu zeigen, oder glauben, dies tun zu müssen, desto stressiger wird es.

Merke!
Je mehr Schnittstellen, desto mehr Abhängigkeiten. Je mehr Abhängigkeiten, desto mehr Konflikte.

Dieser zunehmende Stress braucht ein Ventil. Der Umgangston im Alltag – so ist jedenfalls mein Eindruck – ist ruppiger geworden. Auch dies lässt sich mit Blick auf die Konflikttheorie leicht erklären: Im Supermarkt die Verkäuferin anschnauzen ist leichter und quasi ohne Risiko. Denn wo keine Abhängigkeit, da kein Konflikt. Es gibt kaum

Abhängigkeit in Richtung Verkäuferin, demzufolge ist das Risiko gering und für viele ein willkommenes Ventil.

Was ich auf den vergangenen Seiten veranschaulichen wollte, liegt, glaube ich, auf der Hand: Die Veränderungen der letzten Jahre in den Unternehmen haben die *äußeren* Faktoren der Entstehung von sozialen Konflikten intensiviert.

Die Fokussierung auf die *eigenen Ziele*, die Verantwortung, im gleichen Maße der *Handlungsspielraum* und last but not least die *Abhängigkeit* haben deutlich zugenommen. Dies hat zur Folge, dass die Wahrscheinlichkeit, in Konflikte zu geraten, deutlich größer geworden ist.

Zusammenfassung

In diesem Kapitel konzentrierten wir uns auf Elemente, die Konflikte verschärfen:

▶ *Motivation:* Es gibt in der Motivationstheorie unterschiedliche Ansätze, das Verhalten von Menschen zu erklären. Einer davon ist der Ansatz der Erklärung aufgrund von Bedürfnissen. Nicht erfüllte Bedürfnisse beeinflussen das Verhalten insgesamt und besonders natürlich das Vorgehen in kritischen Situationen. Die Bedürfnisse sind folglich der Schlüssel zum Verständnis und zur Lösung von Konflikten.

▶ *Emotion:* Ohne Emotion kein Konflikt. Voraussetzung für eine erfolgreiche Konfliktlösung ist der professionelle Umgang mit eigenen Emotionen. Nur wem es gelingt, die eigenen Emotionen zu erkennen und in die Konfliktlösung mit einzubringen, hat eine Chance, auf diesem Gebiet erfolgreich zu sein.

▶ *Typische Reaktionen unter Druck:* Es gibt typische, immer wiederkehrende Reaktionen, die von Menschen unbewusst eingesetzt werden, wenn sie unter Druck geraten. Vier solcher Reaktionen lassen sich unterscheiden: Ablenken, Beschwichtigen, Anklagen und Rationalisieren.

▶ *Wirtschaftliche Veränderungen und deren Auswirkungen auf die Unternehmen:* Die Veränderungen der letzten Jahre in den Unternehmen haben die zentralen (äußeren) Faktoren der Entstehung von sozialen Konflikten intensiviert. Die Folge ist, dass die Wahrscheinlichkeit, in Konflikte zu geraten, deutlich größer geworden ist.

Dies macht sich auch in Personalentwicklungsmaßnahmen bemerkbar. Die Nachfrage nach konkreter Konfliktklärung, Trainings für Konfliktmanagement und Individualcoaching ist gestiegen, was uns betriebswirtschaftlich gesehen natürlich freut, insgesamt aber eher nachdenklich macht.

4

Wie können Konflikte unterschieden werden?

In diesem Kapitel möchte ich auf einige zentrale Unterschiede zwischen Konflikten eingehen. Wenn Sie in der Literatur zum Thema Konfliktmanagement stöbern, werden Sie unzählige unterschiedliche Einteilungsformen finden. Dieses Buch hat die Intention, Ihnen wenige, aber zentrale und nützliche Unterschiede zu zeigen. Nützlich bedeutet in diesem Fall, dass eine Differenzierung nur dann Sinn macht, wenn sie Ihnen hilft, sowohl die Entstehung des Konflikts besser zu verstehen, als auch das geeignete Werkzeug zur Konfliktlösung auszuwählen.

Konfliktarten

Beginnen wir mit der Unterscheidung nach Konfliktarten:

1. Zielkonflikte (vgl. Beispiele 23 + 24)

Diese Konflikte basieren auf unterschiedlichen Zielen von Menschen oder Abteilungen innerhalb eines Unternehmens.

Beispiel 23 – Zielkonflikt A

Der Vertriebsaußendienstmitarbeiter eines Unternehmens hat kurz vor Monatsende noch einen größeren Auftrag unter Dach und Fach gebracht und möchte diesen noch in den aktuellen Monat eingerechnet bekommen.

Der Mitarbeiter aus dem Vertriebsinnendienst hat aber beim Einpflegen der neuen Umsätze bestimmte Vorgaben einzuhalten, welche es ihm nicht möglich machen, diese Umsätze noch in den aktuellen Monat einzuberechnen.

Beispiel 24 – Zielkonflikt B

Der Projektleiter drängt darauf, dass in der heutigen Sitzung alle Teilprojektleiter den Status quo detailliert darstellen, damit er für die nächste Steuerkreissitzung mit aktualisierten Daten aufwarten kann.

Einer seiner Teilprojektleiter möchte die Projektsitzung lieber nutzen, um konkrete Lösungen für aktuelle Probleme seines Teilprojekts gemeinsam mit den Kollegen zu finden.

2. Methodenkonflikte (vgl. Beispiele 25 + 26)

Über die Ziele ist man sich einig, aber die Wege dahin werden unterschiedlich gesehen.

Beispiel 25 – Methodenkonflikt A

Ein Mitarbeiter des internen IT-Dienstleisters möchte, um die genauen Wünsche der internen Kunden herauszufinden, einen Fragebogen an alle Mitarbeiter versenden.

Sein Kollege plädiert für eine mündliche Befragung der Führungskräfte und der relevanten Mitarbeiter.

Beispiel 26 – Methodenkonflikt B

Der Leiter des Außendienstes stellt im Außendienstmeeting die neuen Broschüren vor, mit denen zukünftig die gesamte Produktpalette des Unternehmens in allen Kundengesprächen vorgestellt werden soll.

Die Außendienstmitarbeiter halten diese Broschüre für zu umfangreich und überladen und möchten vom Leiter die Freigabe, selbst entscheiden zu dürfen, ob sie bei Kundengesprächen die Broschüre einsetzen oder nicht.

3. Wertekonflikte (vgl. Beispiele 27 + 28)

Die auszuführenden Handlungen stehen im Konflikt mit den eigenen Werten. Werte sind regulative und normative Maßstäbe, die unser Handeln steuern und uns einen Anhaltspunkt darüber geben, was richtig oder falsch, was angemessen oder unangemessen, was uns wichtig oder unwichtig ist. Je nachdem, ob wir etwas als falsch/richtig oder gut/böse bewerten, handeln wir. Wir tun A und erreichen einen bestimmten Wert X, wir lehnen B ab und vermeiden so den Wert Y.

Die eigenen Werte sind uns Menschen teils bewusst, teils werden wir unbewusst von ihnen gesteuert. Oftmals sind sie als Nominalisierungen, also abstrakte Begriffe (Erfolg, Verlässlichkeit, Einfluss, usw.) repräsentiert. Ob es diese bewussten und plakativen Begriffe sind, die letztlich handlungsleitend und somit wirklich relevant sind, bleibt offen. Sicher ist jedoch, dass sie die Menschen beeinflussen.

Beispiel 27 – Wertekonflikt A

Der Bereichsleiter Controlling spricht einen seiner Abteilungsleiter an. Im Rahmen des Jahresabschlusses, der vor der Tür steht, sind die Mitarbeiter der Abteilung gefordert, Mehrarbeit auch an Samstagen zu leisten. Einer der Mitarbeiter wehrt sich dagegen. Der Bereichsleiter drängt nun den Abteilungsleiter dazu, den Mitarbeiter vor die Wahl zu stellen, entweder auch samstags zu kommen oder sich zu überlegen, ob er sich nicht anderweitig nach einer Stelle umsehen sollte.

Der Abteilungsleiter aber möchte den Mitarbeiter in einem persönlichen Gespräch von der Notwendigkeit der Samstagsarbeit überzeugen, statt ihm mehr oder weniger deutlich zu drohen.

Beispiel 28 – Wertekonflikt B

Ein Mitarbeiter aus der Buchhaltung möchte am Freitagnachmittag pünktlich nach Hause gehen, obwohl, bedingt durch ein IT-Problem, die meisten seiner Kollegen noch vor einem Berg Arbeit sitzen. Er begründet dies mit den Worten, er habe seinen Teil der Arbeit, für den er verantwortlich ist, erledigt.

Einer seiner Kollegen, der sein Pensum ebenfalls abgeschlossen hat, schlägt vor, dass alle Kollegen noch etwas länger bleiben, um in einer konzertierten Aktion und gemeinsamen Kraftanstrengung die noch unbearbeiteten Daten einzupflegen.

4. Rollenkonflikte (vgl. Beispiele 29 + 30)

Ein Mitarbeiter ist in unterschiedlichen Funktionen in ein Feld gegensätzlicher Rollenerwartungen eingespannt. Die Rolle einer Person und ihr Verhalten in dieser Rolle wird sowohl von der Person selbst als auch von außen bestimmt. Wenn beispielsweise ein Mitarbeiter Koordinator eines Geschäftsbereiches wird, dann wird er mit seiner Person zu Beginn diese Rolle so ausüben, wie er es für richtig hält bzw. wie er vermutet, dass es erwartet wird. Im Laufe der Zeit wird er seine Rolle entsprechend den Reaktionen von außen adaptieren und »feintunen«. Eine Rolle ist demzufolge sowohl Fremdzuschreibung als auch Eigenleistung.

Beispiel 29 – Rollenkonflikt A

Ein Mitarbeiter aus dem Einkauf wird in ein Projekt zur Implementierung von Leadbuyern abgestellt. Sein Projektleiter erwartet von ihm in der heißen Phase vollen Einsatz für das Projekt.

Die Linien-Führungskraft hat den Mitarbeiter zwar prinzipiell für das Projekt abgeordnet, verlangt aber auch weiterhin professionelle Arbeit in der Betreuung der Lieferanten und internen Kunden.

Beispiel 30 – Rollenkonflikt B

Eine Führungskraft, die im Rahmen eines Kaminaufstiegs neuer Chef der ehemaligen Kollegen wurde, möchte die Ex-Kollegen kollegial führen, weil er meint, ein zu direktives Vorgehen würde mehr Probleme bringen als die Zusammenarbeit fördern.

Sein Chef erwartet von ihm, dass er in seiner Funktion und Rolle als neue Führungskraft die schwierigen Themen direkt anpackt und notfalls auch durchdrückt.

5. Verteilungskonflikte (vgl. Beispiele 31 + 32)

Ein knappes Gut wird verteilt, beispielsweise eine Führungsposition, ein Arbeitsbereich, ein Themengebiet, eine Sonderrolle oder Ähnliches. Der Gewinn des einen ist da folglich der Verlust des anderen.

Beispiel 31 – Verteilungskonflikt A

Im Bereich Geschäftskunden werden die Kunden neu zugeordnet. Die neue Einteilung erfolgt in A-Kunden und B-Kunden. Beide Regionalvertriebsleiter möchten die A-Kunden bekommen.

Beispiel 32 – Verteilungskonflikt B

Zwei Geschäftsführer eines mittelständischen Unternehmens haben fast identische Arbeitsverträge. Beide sind als Geschäftsführer in der vollen Verantwortung. Im Organigramm, das im Wesentlichen vom Aufsichtsrat erstellt wurde, ist einer der beiden als Geschäftsführer und der andere als stellvertretender Geschäftsführer eingetragen. Der erste der beiden, der im Organigramm an oberster Stelle steht, findet dies auch in Ordnung so, der andere pocht auf eine Gleichstellung, auch im Organigramm.

Bei der Betrachtung unterschiedlicher Konfliktarten und der daraus resultierenden Schlussfolgerungen hinsichtlich Entstehung und Bearbeitung der Konflikte sind zwei Punkte wichtig:

▶ Um Konfliktarten voneinander unterscheiden zu können, muss man zuerst auf die strittigen Punkte den Inhalt betreffend achten. Erst danach gilt es zu analysieren, welche Elemente auf der Beziehungsebene den Konflikt zu einem solchen machen, bzw. ihn verschärfen.

▶ Die Konfliktarten Zielkonflikt, Methodenkonflikt, Wertekonflikt und Rollenkonflikt unterscheiden sich wesentlich von der 5. Konfliktart, dem Verteilungskonflikt. Wenn man in einem Konflikt steckt, der auf der Inhaltsebene einer der ersten vier Konfliktarten zugeordnet werden kann, hat man eine große Chance, mit dem geeigneten Werkzeug den Konflikt selbst zu klären, ja sogar zu lösen.

Eine solche eigenständige Klärung ist bei einem Verteilungskonflikt nicht möglich. Dies möchte ich genauer erläutern (vgl. Fortsetzung Beispiel 32):

Fortsetzung Beispiel 32

Nehmen wir einmal an, die beiden Geschäftsführer aus dem o. g. Beispiel wollen versuchen, in Gesprächen den gordischen Knoten zu lösen.

Nochmals zur Erinnerung: Beide Geschäftsführer haben unterschiedliche Vorstellungen bezüglich der Darstellung im Organigramm. In den Klärungsgesprächen gelingt es zwar, beiderseitiges Verständnis für die jeweilige Position des anderen herzustellen. Was jedoch nicht gelingt, ist eine Einigung im Verteilungskonflikt.

Der Grund liegt auf der Hand: Verteilungskonflikte sind Dilemma-Situationen. Mit anderen Worten, es gibt nur ein Entweder-oder, keine Einigung in der Mitte.

Wenn der eine Geschäftsführer akzeptiert, dass im Organigramm beide auf dem gleichen hierarchischen Platz stehen, verzichtet er auf seine bisherige Alleinstellung. Wenn der andere Geschäftsführer nachgibt, verzichtet er auf einen Platz ganz oben im Organigramm. Der Verlust des einen ist der Gewinn des anderen.

Hierzu ein weiteres Beispiel aus einem ganz anderen Kontext (vgl. Beispiel 33).

Beispiel 33
Angenommen, eine Familie zieht in ein neues Haus. Die Familie hat zwei Söhne im Teenageralter, im neuen Haus soll jeder der beiden ein eigenes Zimmer bekommen. Diese allerdings sind unterschiedlich groß. Die Eltern wollen die Entscheidung den Kindern überlassen. Das erweist sich jedoch als Fehlentscheidung, denn keiner der beiden will sich mit dem kleineren Zimmer zufrieden geben, es entwickelt sich eine Never-ending-Story.

Die Eltern merken: Es gehört zur Rolle, zu den Rechten und Pflichten der Eltern, dies zu entscheiden.

Angenommen, der Ältere der beiden bekäme das größere Zimmer. Das würde dem jüngeren Sohn voraussichtlich überhaupt nicht gefallen. Sein Ärger allerdings würde sich im Wesentlichen auf die Eltern statt auf den Bruder fokussieren, und dort gehört er auch hin.

Bei Verteilungskonflikten gilt also die Regel: Die *nächsthöhere Instanz* muss entscheiden. Es kann nicht den Kontrahenten überlassen werden, eine solche Dilemma-Situation zu entscheiden.

Ich bin sicher, Sie haben vergleichbare Situationen im Geschäftsalltag bereits häufig erlebt. Manchmal machen Führungskräfte es sich zu einfach. So gut das Delegationsprinzip auch ist, bei den Verteilungskonflikten ist Entscheidungsfreude gefragt.

> **Merke!**
> Bei Verteilungskonflikten entscheidet die nächsthöhere Instanz.

Konflikte auf persönlicher Ebene

Im Kapitel 2 haben wir bereits über mögliche Konfliktgründe auf inhalt-licher versus persönlicher Ebene gesprochen. Hier nochmals zusammen-gefasst:

Inhaltliche Gründe können sein:

- ▸ Mangel an Information,
- ▸ Fehlinformation,
- ▸ unterschiedliche Einschätzung der Situation,
- ▸ unterschiedliche Interpretation von Informationen,
- ▸ unterschiedliche Prioritäten.

Auf persönlicher Ebene entzünden sich Konflikte durch:

- ▸ Mangel an Information,
- ▸ Fehlinformation,
- ▸ unangemessene Einschätzung darüber, wie die Beziehungen unter-einander sind,
- ▸ nicht erfüllte Bedürfnisse (vgl. Kap. 3),
- ▸ persönliche Differenzen.

In diesem Kapitel soll der Fokus auf den *persönlichen Differenzen* lie-gen. Meine Erfahrung ist, dass sogenannte persönliche Differenzen häufig ein vorgeschobenes Argument sind. Natürlich gibt es Sympathien und Antipathien, und selbstverständlich sind diese unterschiedlich verteilt und können auch Ursache für die Entstehung bzw. Eskalation von Konflikten sein.

Oftmals aber geht es um etwas anderes, an das man bewusst oder unbe-wusst nicht ran möchte. Die Beteiligten haben häufig die Sorge, es könne schiefgehen, zu persönlich oder schlimmer werden. All dies kann ja auch, wie bereits besprochen, eintreffen.

In Gesprächen zur Konfliktlösung fallen deshalb häufiger Sätze wie beispielsweise: »*Wir passen nicht zueinander«*, »*Ich bin halt so«*, »*Meinen

Kollegen kann man ohnehin nicht ändern«, »Es ist doch normal, dass man nicht jeden gleich mag.« Man sollte sehr genau prüfen, inwieweit diese Aussagen »die ganze Wahrheit« sind oder nur die »halbe«.

Diese Aussagen haben eins gemein: Sie suggerieren, dass der Konflikt auf unterschiedlicher Einstellung bzw. gegensätzlichen Charakterzügen beruht.

Wäre dies in der Realität wirklich so, wäre ein Konfliktklärungsgespräch in den meisten Fällen zum Scheitern verurteilt.

> **Merke!**
> Jemand tut oder sagt etwas, was dem anderen nicht gefällt, oder unterlässt etwas, womit der andere fest gerechnet hat, und schon ist die Saat für einen Konflikt gesät.

Auch wenn in vielen Fällen persönliche Differenzen und Antipathien Konflikte verschärfen, in den allermeisten Fällen liegen die Ursachen auf der Verhaltensebene. Jemand tut oder sagt etwas, was dem anderen nicht gefällt, oder jemand unterlässt etwas, womit der andere fest gerechnet hat, und schon ist die Saat für einen Konflikt gesät.

Latente Konflikte oder direkte Angriffe

Eine weitere Unterscheidung von Konflikten ist diejenige zwischen einem schwelenden Konflikt oder einem direkten Angriff. Ein direkter Angriff liegt dann vor, wenn beispielsweise jemand auf uns zukommt, uns direkt beschuldigt und verbal attackiert.

Latente oder schwelende Konflikte sind dann gegeben, wenn wir bewusst oder unbewusst spüren, dass etwas im Argen liegt und die Zusammenarbeit schwierig geworden ist. Diese latenten Konflikte können natürlich auch eskalieren, werden dann zu offenen Konflikten, die für jeden Beobachter erkennbar sind, jeder weiß es, selbst die Beteiligten.

Der Fokus in diesem Buch liegt auf den latenten Konflikten.

Direkt beteiligt oder »nur« indirekt betroffen

Auch die Unterscheidung zwischen direkter oder indirekter Beteiligung hat Auswirkungen auf die Wahl des passenden Werkzeugs.

Indirekt beteiligt sind wir dann, wenn zum Beispiel Mitarbeiter unseres Projektteams, Kollegen aus der eigenen Abteilung oder direkt zugeordnete Mitarbeiter miteinander einen Konflikt haben. Manchmal werden wir direkt gefragt, ob wir bei einem Gespräch als Dritter unterstützen können oder ob wir ein offenes Ohr haben, damit einer der Beteiligten seinen Unmut loswerden kann. Wir sind dann zwar nur indirekt beteiligt, aber zumeist im doppelten Wortsinne betroffen.

Für diejenigen Leser, die selbst Mitarbeiter direkt führen, ist die indirekte Betroffenheit ein wesentlicher Bestandteil der Führungsarbeit. Wenn Sie als Führungskraft spüren, dass zwei Ihrer Mitarbeiter einen Konflikt oder ein Konfliktchen miteinander haben, sind Sie gefordert. Denn falls Sie zu lange zuschauen, wird aus dem Konfliktchen mit ziemlicher Sicherheit ein ausgewachsener Konflikt oder die Situation wird zu einem »*faulen Apfel in einem Korb voller gesunder Äpfel*«.

Symmetrische oder komplementäre Situationen

Basierend auf den Axiomen der Kommunikation unterscheiden wir Konflikte nach symmetrischen bzw. komplementären Konflikten. Nochmals zur Erinnerung, symmetrische Konflikte entstehen zwischen Menschen, die auf Augenhöhe miteinander arbeiten, bei komplementären Konflikten gibt es ein hierarchisch gesehenes Oben und Unten.

Symmetrische Kommunikation im Geschäftsleben hat man mit Kollegen der gleichen Ebene, sei es in der eigenen Abteilung oder zu Kollegen anderer Abteilungen. Außerhalb des Geschäftslebens sind die meisten Kommunikationssituationen ebenfalls symmetrisch. Beispielsweise das Gespräch mit dem Nachbarn, mit dem Kegelbruder, mit dem Bekannten aus der Reisegesellschaft oder mit Freunden.

Als komplementär ist die Kommunikation mit Ihrem Chef und den Chefs anderer Abteilungen definiert, Sie sind unten, der jeweilige Chef oben. Umgekehrt, aber ebenfalls komplementär ist die Situation, wenn Sie Mitarbeiter führen, diese direkt führen als disziplinarische Führungskraft oder als fachliche Führungskraft in einem Projekt oder einer Matrixorganisation.

Im Privaten gibt es bestimmte Situationen, die komplementärer Natur sind: beispielsweise Käufer-Verkäufer, Arzt-Patient, Gastgeber-Gast, Vermieter-Mieter.

Zusammenfassung

Wenn man die Entstehung von Konflikten besser verstehen und geeignete Werkzeuge zur Konfliktlösung auswählen will, ist es wichtig, die einzelnen Konflikte voneinander unterscheiden zu können.

In diesem Sinne nützliche Unterscheidungen sind folgende:

- ▶ Konfliktarten
  - – Zielkonflikte
  - – Methodenkonflikte
  - – Wertekonflikte
  - – Rollenkonflikte
  - – Verteilungskonflikte
- ▶ Inhaltliche versus persönliche Differenzen
- ▶ Latente Konflikte versus direkte Angriffe
- ▶ Direkt beteiligt versus indirekt betroffen
- ▶ Konflikte in symmetrischen Kommunikationssituationen versus Konflikte in komplementären Situationen

5

Werkzeuge der Konfliktlösung

Die Abbildung Tools zeigt die einzelnen Werkzeuge, die in diesem Kapitel dargestellt und an konkreten Beispielen aus der Praxis erläutert werden.

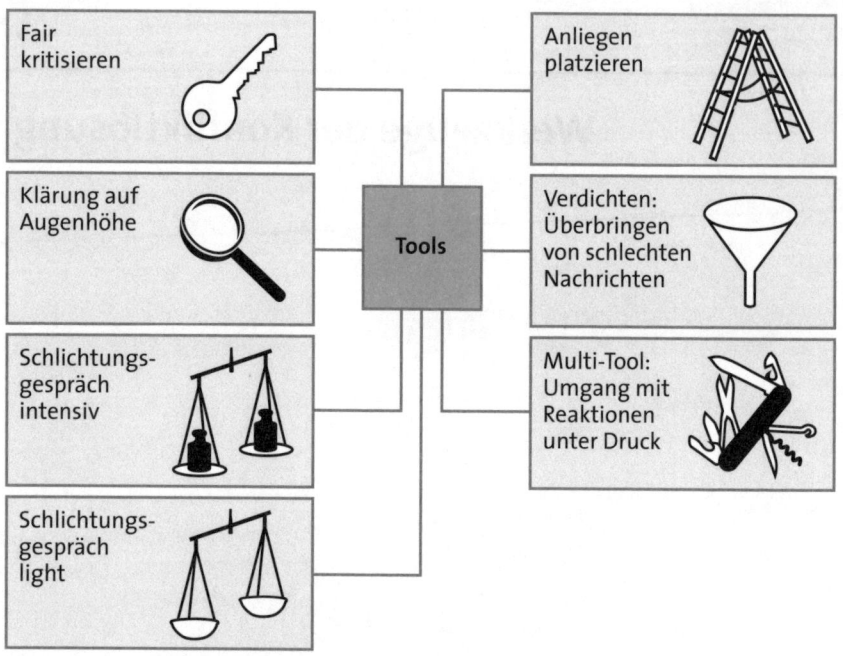

Abb.: Tools

Wie funktionieren die Werkzeuge?

Das Geheimnis liegt wie so oft in der Einfachheit: Die Werkzeuge orientieren sich exakt an der Entstehung von Konflikten. Wie in den vorigen Kapiteln erklärt, gibt es wesentliche Grundmuster, die bei Konflikten immer wieder festzustellen sind. Diese Grundmuster sind Basis der Techniken, die im Umkehrschluss auch den Konflikt lösen. Aus diesen ursprünglich eher rudimentären Abläufen wurden nach und nach verfeinerte Werkzeuge entwickelt. Wirksam, aber einfach, einfach wirksam.

Bei der Entwicklung der Werkzeuge waren die zahlreichen Beispiele aus Trainingsveranstaltungen zur Konfliktlösung und aus Individualcoachings sehr hilfreich. An dieser Stelle nochmals ein herzliches Dankeschön an die Teilnehmer aus den Veranstaltungen, die durch ihre konkreten Fragen und die vertrauensvolle Offenheit sehr viel zum aktuellen Stand der Toolbox zur Konfliktlösung beigetragen haben.

Merke!
Wenn man versteht, wie ein Konflikt entstanden ist, ist der erste Schritt zur erfolgreichen Konfliktlösung gemacht.

In diesem Kapitel geht es um folgende Fragen:

▶ Auf welchen Prinzipien beruhen die Werkzeuge?
▶ Weshalb sind sie wirksam?

Inhalts- und Beziehungsebene trennen

Ein Wirkprinzip ist die Trennung der Inhalts- und Beziehungsebene, also die Differenzierung von Inhalt und Beziehung. Wenn Sie Konfliktsituationen aus der Distanz beobachten, wird Ihnen auffallen, dass die direkt Beteiligten einen ganzen Wust von Informationen, Vorwürfen, persönlichen Einschätzungen und Empfindlichkeiten zusammenpacken und dem Gesprächspartner vor die Füße werfen. Der Gesprächspartner wird auch häufig als Widersacher oder gar Gegner gesehen.

Die Beteiligten nehmen die Situationen unterschiedlich wahr. Es geht in der professionellen Konfliktlösung nicht um das Finden der Wahrheit, sondern um das Erkennen der *Wahrheiten*. Jeder Beteiligte eines Konflikts hat seine eigene Wahrheit und seine Sicht der Dinge. Und die gilt es herauszuarbeiten.

Merke!
Jeder Mensch hat seine eigene Sicht, die Suche nach der einen Wahrheit ist vergebens!

Dieses Grundverständnis basiert auf dem Prinzip der konstruktivistischen Wahrnehmung und Kommunikation. Der *Konstruktivismus* besagt, dass wir Menschen unsere Umwelt erst durch unsere Wahrnehmung konstruieren (vgl. Kap. 3, S. 62 ff.). Sie kennen das wahrscheinlich alle: Man geht in ein Gespräch und denkt sich: »*Na ja, das wird wahrscheinlich schwierig.*« Meistens wird es dann auch so. Mit unseren Erfahrungen, mit unserem Wissen und unseren Erwartungen gehen wir in Gespräche, und diese Erwartungen steuern unsere Wahrnehmung.

Wir haben bereits intensiver beleuchtet, dass viele Menschen im beruflichen Kontext die Emotionen eher zurückhalten. Zumindest versuchen sie es. In konfliktgeladenen Situationen gelingt dies nur oberflächlich. Denn je mehr man versucht, Emotionen oder Gefühle zu verstecken, desto mehr schauen sie hervor (vgl. Beispiel 34).

Beispiel 34:
Angenommen, ein Mitarbeiter der Personalabteilung hat sich über einen Kollegen geärgert und stellt diesen zur Rede. Der Hintergrund des Ärgers war, dass er sich wenig unterstützt gefühlt hat bei der Vorbereitung einer Veranstaltung. Er spricht seinen Kollegen an: »Ich wollte mal fragen, weshalb du deinen Teil der Vorbereitung nicht gemacht hast. Für mich war es schon in Ordnung, ich habe deinen Teil einfach mitgemacht, aber es ist halt jedes Mal so, dass es an anderen hängenbleibt, wenn man mit dir in einem Projekt steckt.«

Sie bemerken bei Beispiel 34 sofort, hier steckt Zunder drin. Es gibt einige Dinge, die man beim Thema Inhalt-Beziehung verbessern könnte.

Der Mitarbeiter spricht an keiner Stelle über sein Gefühl, seine Emotion, sondern – im Gegenteil – er tut so, als sei alles in Ordnung. Dies widerspricht natürlich seinen übrigen Aussagen und führt in aller Regel dazu, dass der Gesprächspartner nicht genau weiß, auf was er antworten soll. Im konkreten Fall würde ein unbedachter Gesprächspartner genauso antworten, wie er angesprochen wurde. Er würde Inhalt und Beziehung vermischen und mit einem ähnlichen unterschwelligen Vorwurf antworten.

Die Werkzeuge setzen an diesem Punkt an: Sie unterstützen die Beteiligten darin, sich über inhaltliche und beziehungsorientierte Faktoren klar zu werden und diese im Gespräch zu trennen.

Die Haltung muss stimmen

Ein wesentliches Element in Konfliktklärungsgesprächen ist die grundsätzliche Haltung, die man einnimmt. Man kann *fördernd* oder *hemmend* kommunizieren.

Elemente fördernder Kommunikation sind:

▶ eine vertrauensvolle Gemeinsamkeit schaffen (vgl. Kapitel 2, Stichwort Landkarte);
▶ das Gesagte in eigenen Worten wiederholen – aktives Zuhören (z. B. *»Deine Ansicht zu diesem Thema ist also ...«*);
▶ eigene Gefühle äußern (z. B. *»Ich habe mich darüber geärgert.«*);
▶ Perspektivenwechsel vornehmen:
  – Die Sichtweise, die der Gesprächspartner vermutlich hat, mitteilen (z. B. *»Ich nehme an, du siehst das so ...«*);
  – Die Gefühle, die man aus dem Gesagten des Gesprächspartners glaubt herauszuhören, mitteilen (z. B. *»Mein Eindruck ist, du warst enttäuscht.«*);
▶ ausreden lassen;
▶ Störungen ansprechen.

Elemente hemmender Kommunikation sind:

Merke!
Wenn ich den anderen als Gegner sehe, wird das Wort zur Waffe.

▶ »Ja-aber«-Antworten,
▶ den Gesprächspartner unterbrechen,
▶ sich mit anderen Dingen beschäftigen,
▶ moralisierende Bemerkungen machen
  (z. B. *»Wenn du hier erfolgreich sein willst, musst du wissen, wer für dich ist und wer nicht«.*),
▶ Elterngehabe (beispielsweise mit erhobenem Zeigefinger reden),
▶ dem Gesprächspartner Gefühle ausreden (z. B. *»Du brauchst nicht nervös zu sein«.*),
▶ Generalisierungen (z. B. *jeder, immer, nie, keiner*).

Es reicht nicht, nur zu wissen, welche Elemente die fördernde Kommunikation beinhaltet, sondern man muss sich auch bewusst machen, was beim Gesprächspartner hemmend ankommen kann.

Die Haltung, die Einstellung, die in Klärungsgesprächen eingenommen wird, entscheidet wesentlich über den Erfolg. Sehe ich den anderen als Gegner, werden hemmende Elemente meine Kommunikation bestimmen. Sehe ich ihn als Partner und setze fördernde Elemente ein, steigt die Wahrscheinlichkeit eines positiven Gesprächsausgangs.

Brücke bauen

Was hat denn Hochbau mit Konfliktlösung zu tun? Mit *Brücke bauen* sind wir eine Stufe weiter als bei dem einfachen fördernden Kommunizieren. Brücke bauen meint, im Konfliktklärungsgespräch dem Gesprächspartner zu signalisieren, dass man davon ausgeht, er

- ▶ hatte Gründe, so zu handeln;
- ▶ hat dies nicht mit böser Absicht gemacht;
- ▶ hat dies vielleicht sogar gemacht, ohne darüber nachzudenken, was es bewirken kann;
- ▶ hat eine eigene, andere Wahrnehmung der Situation.

Wir werden im weiteren Verlauf des Buches noch detaillierter darauf eingehen, so viel aber schon einmal vorweg: Es geht nicht darum, dem anderen eine Steilvorlage für Ausreden oder fadenscheinige Begründungen zu geben. Es geht vielmehr darum zu signalisieren, dass man gewillt ist, ein offenes Gespräch über unterschiedliche Sichtweisen und Anliegen zu führen.

Tipp!
Bauen Sie dem anderen eine Brücke, dann sieht er einen Weg.

Vergangenheit und Zukunft trennen

Konflikte sind in der Vergangenheit entstanden und wirken in die Gegenwart. Das Ziel des Konfliktklärungsgesprächs ist es, die Zukunft besser zu machen. Deshalb braucht es im Klärungsgespräch einen bewussten Wendepunkt, an dem die Klärung der vergangenen Situation abgeschlossen wird, um über wechselseitiges, verändertes Verhalten in der Zukunft zu sprechen.

> **Tipp!**
> Konzentrieren Sie sich auf die Lösung in der Zukunft statt auf das Rechthaben in der Vergangenheit.

Dies ist vor allem deshalb von zentraler Bedeutung, weil in manchen Gesprächen zur Konfliktlösung die vergangene Situation nicht vollständig geklärt werden kann. Dann braucht es ein Loslassen und eine Fokussierung auf eine zukünftige Verbesserung.

Ein Ziel fokussieren

»Wenn der Geist auf ein Ziel gerichtet ist, kommt ihm das Ziel entgegen.«
Wir halten es auch in der Konfliktklärung mit Goethe. Viele Gespräche im Businesskontext verlaufen im Sande oder scheitern gar, weil sich im Vorfeld keiner konkret darüber Gedanken macht, was am Ende des Gesprächs denn herauskommen soll. In Konfliktklärungsgesprächen ist dies fatal. Dort ist es ja so, dass die Gesprächspartner unter Druck sind. Wenn

> **Tipp!**
> Geben Sie dem Gespräch eine Struktur, ein Ziel!

wir uns noch einmal daran erinnern, welche typischen Reaktionen unter Druck unbewusst zum Einsatz kommen, dann wird deutlich, dass ohne Zielfokussierung nur wenige Gespräche gelingen werden.

Zur Vorbereitung von Klärungsgesprächen kann man eine Anleihe aus der Verhandlungstechnik nehmen: Legen Sie sich vor dem Gespräch auf eine Idealposition, eine realistische Position und eine Rückzugsposition fest (vgl. Beispiel 35).

Beispiel 35

Angenommen, es gab einen Konflikt zwischen Ihnen und einem Kollegen über aus Ihrer Sicht unzureichende Informationsweitergabe.

▶ Die Idealposition wäre beispielsweise: Mein Kollege zeigt Verständnis für meine Position, lenkt ein und macht unaufgefordert Vorschläge zu einem veränderten Vorgehen in der Zukunft.

▶ Die realistische Position könnte sein: Mein Kollege versteht meine Position, stellt seine Sicht der Dinge dar und akzeptiert im Großen und Ganzen meine Vorschläge zum Vorgehen in der Zukunft.

▶ Die Rückzugsposition könnte folgende sein: Mein Kollege beharrt auf seiner Sichtweise und blockiert das Thema »zukünftiges Vorgehen«.

Mehrgängiges Menü statt Eintopf

Gespräche, die ein klares Ziel verfolgen, brauchen einen klar strukturierten Ablauf. Ein Konfliktklärungsgespräch ist wie ein mehrgängiges Menü: Amuse-Gueule – der Gruß aus der Küche –, Vorspeise, Salat, Suppe, Hauptspeise und Dessert.

Ein Gespräch, das wie ein Eintopf zubereitet ist, ist ein Mischmasch unterschiedlicher Zutaten. Nichts gegen einen schmackhaften Eintopf. Ein Gespräch allerdings, in dem Meinungen, Einschätzungen, Bewertungen zusammengeworfen werden mit Emotionen und Wahrnehmungen, schmeckt weder dem Koch noch dem Gast.

Es braucht einen klaren Rahmen, Anfang und Ende inklusive einer abgestimmten Zusammenfassung.

Entscheidungshilfe: Wann welche Technik?

Die Gretchenfrage: Was tue ich bei welchem Konflikt? Manche sagen, vernünftige Kommunikation sei immer sinnvoll. Das stimmt natürlich, genauso wie Aspirin in den meisten Fällen hilft. Wir bleiben ganz kurz bei der Analogie zur Medizin: Beim Beinbruch ist Gips ein gutes Mittel, bei Magenschmerzen hilft ein Gips nicht mal als Placebo.

Beim Konflikt mit meinem Chef ist ein komplett anderes »Medikament« nötig, als wenn ich als Führungskraft einen Konflikt zwischen zwei meiner Mitarbeiter lösen möchte.

Sie bemerken bei diesem Vergleich, dass es nicht reicht, einfach nur gut zu kommunizieren, sondern es ist wichtig, genau zu wissen, welche Technik ich *wie, wann, bei wem* einsetze.

Analyse des Konflikts: Fragenkatalog

Wenn ich weiß, in welchem Konflikt ich stecke, kann ich das passende Werkzeug aus der Toolbox auswählen. Demzufolge braucht es zuerst eine chronologische Analyse des eigenen Konflikts. Folgende Fragen können dabei helfen:

Merke!
»Erst wenn ich weiß, was ich tue, kann ich tun, was ich will.«
Moshe Feldenkrais

Fragen zur Entstehung und Eskalation des Konflikts

▶ Wie ist der Konflikt aus meiner Sicht entstanden?
▶ Wie sieht das wohl mein Konfliktpartner?
▶ Wie würde ein neutraler Beobachter die Entstehung beschreiben?
▶ Was würde ein guter Freund mir raten?
▶ Wie habe ich die einzelnen Situationen wahrgenommen, was habe ich mit eigenen Augen gesehen, mit eigenen Ohren gehört?
▶ Wie erging es mir in den einzelnen Phasen der Entstehung, wie habe ich mich jeweils gefühlt?

▸ Welchen Namen würde ich den Gefühlen oder Emotionen geben (Frust, Enttäuschung, Ärger, Zorn usw.)?
▸ Bezogen auf die Bedürfnispyramide (vgl. Kap. 3, S. 54 ff.): Was fehlt mir am meisten?
  – Sicherheit
  – Zugehörigkeit
  – Wertschätzung
  – Das Wissen, warum
  – Andere
▸ Was hat der andere vermutlich wahrgenommen in den einzelnen Phasen?
▸ Wie erging es ihm jeweils?

Falls es sich um einen Konflikt handelt, bei dem Sie indirekt betroffen sind, gelten die Fragen entsprechend für die beteiligten Konfliktparteien.

Fragen zur aktuellen Situation des Konflikts

▸ Was ist der inhaltliche Knackpunkt des Konflikts?
  – Mangel an Information
  – Fehlinformation
  – Unterschiedliche Einschätzung der Situation
  – Unterschiedliche Interpretation von Informationen
  – Unterschiedliche Prioritäten
  – Andere Gründe
▸ Was ist der persönliche Knackpunkt des Konflikts?
  – Mangel an Information
  – Fehlinformation
  – Unangemessene Einschätzung darüber, wie die Beziehungen untereinander sind
  – Nicht erfüllte Bedürfnisse (vgl. Kap. 3, S. 54 ff.)
  – Persönliche Differenzen
  – Andere Gründe

▶ Um welche Konfliktart handelt es sich?
  – Zielkonflikt
  – Methodenkonflikt
  – Wertekonflikt
  – Rollenkonflikt
  – Verteilungskonflikt
▶ Bin ich auf Augenhöhe mit dem Konfliktpartner (symmetrische Kommunikation) oder besteht ein Gefälle (komplementäre Kommunikation)?
▶ Bin ich direkt beteiligt oder »nur« indirekt betroffen?

Fragen zur zukünftigen Situation

▶ Was hätte ich gerne anders?
▶ Gesetzt den Fall, es klappt, wie ist dann die Zusammenarbeit mit dem Kollegen?
  – Wie laufen die Gespräche ab?
  – Was ist mit den ehemals strittigen Punkten?
  – Welche Veränderungen gibt es auf der Inhaltsebene?
  – Welche Veränderungen gibt es auf der Beziehungsebene?
▶ Aus der Zukunft betrachtet, was sind – wenn der Konflikt erfolgreich gelöst ist – die Erfahrungen, die ich in dem Konflikt gemacht habe?
  – Was habe ich gelernt?
  – Was hat vermutlich mein Kollege gelernt?
  – Was sagt ein guter Freund im Nachhinein über den Konflikt?

So viel zur chronologischen (Selbst-)Analyse des Konflikts.

Die Darstellung auf der folgenden Seite (vgl. Abbildung »Analyse des Konflikts«) gibt einen ganzheitlichen Überblick über die relevanten Elemente.

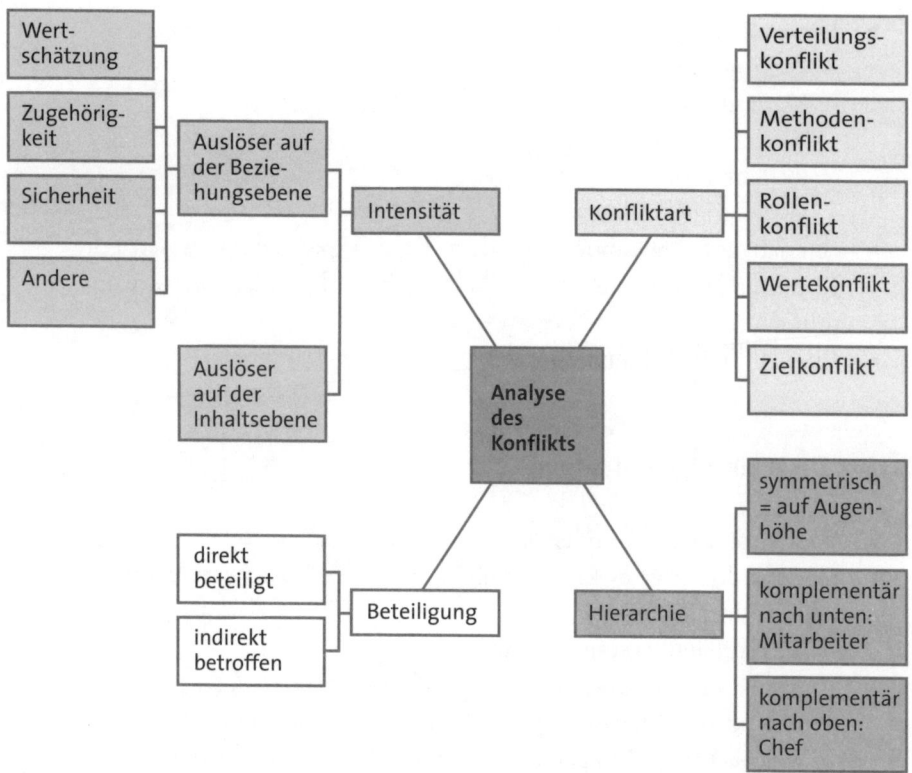

Abb.: Analyse des Konflikts

Auswahl des passenden Tools: Entscheidungsbaum

Der Entscheidungsbaum (vgl. Abbildung Auswahl des Tools) veranschaulicht die einzelnen Kreuzungen bis zur Auswahl des zur Konfliktlösung passenden Tools. Es beginnt bei der bipolaren Entscheidung *direkt beteiligt* oder *indirekt betroffen* und endet bei der anzuwendenden Technik. Dort sind auch jeweils Beispiele genannt, die Sie unter gleichem Namen im Text finden können. So haben Sie die Möglichkeit, sich beispielhaft mit den jeweiligen Techniken vertraut zu machen.

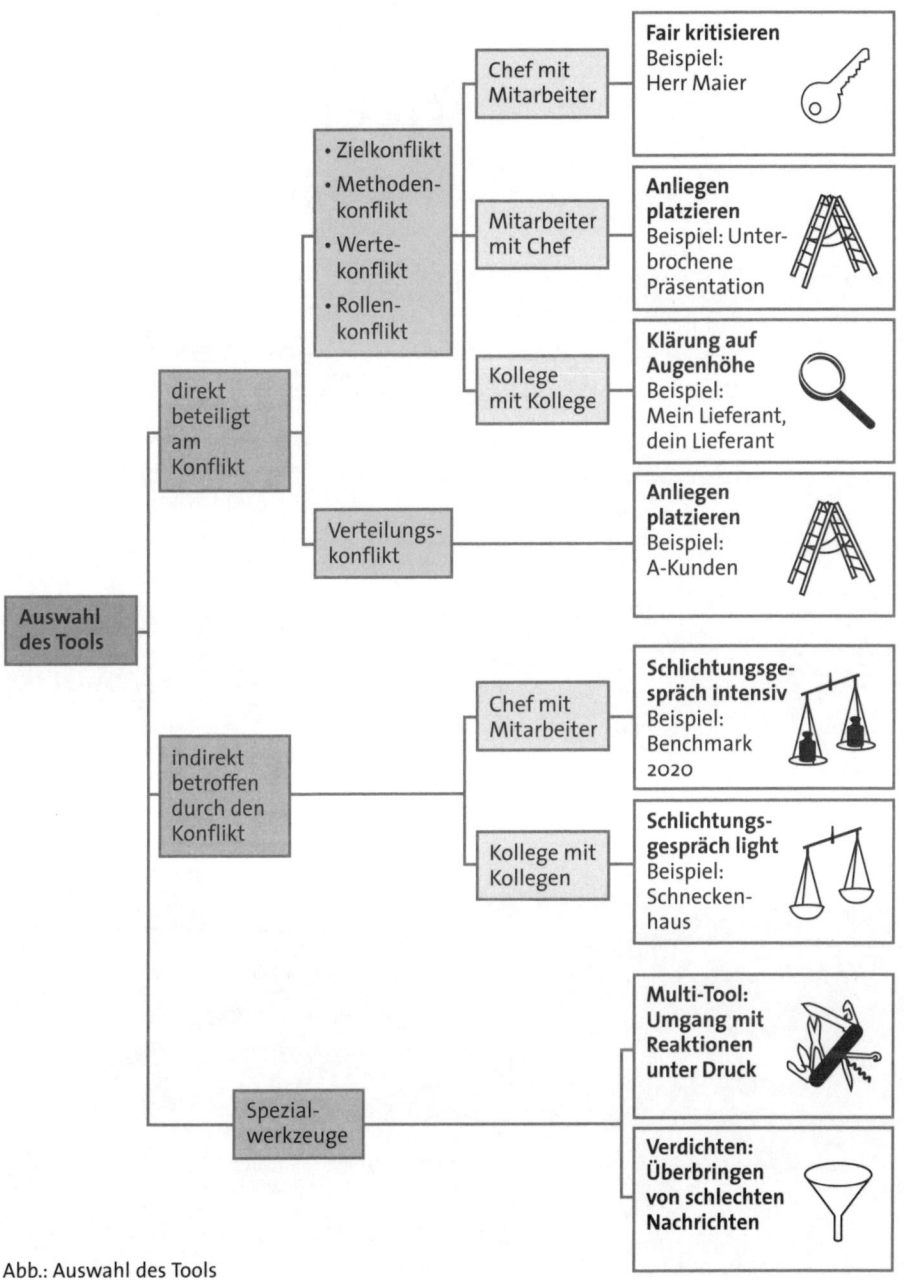

Abb.: Auswahl des Tools

6

Werkzeuge bei Konflikten – direkt beteiligt

Konfliktklärung mit Mitarbeitern:
Fair kritisieren – Das Werkzeug

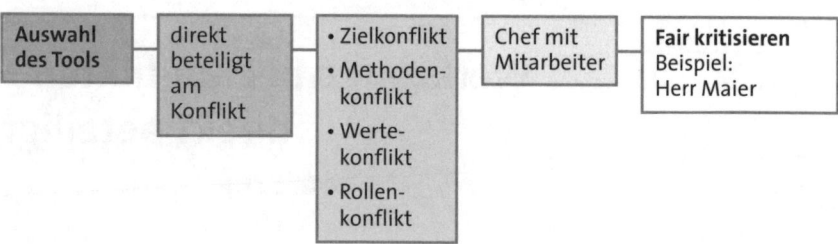

Auswahl des Tools	direkt beteiligt am Konflikt	• Zielkonflikt • Methoden-konflikt • Werte-konflikt • Rollen-konflikt	Chef mit Mitarbeiter	Fair kritisieren Beispiel: Herr Maier

Wenn wir mit einem Mitarbeiter ein Konfliktgespräch führen wollen, hilft die Methode *Fair kritisieren* als roter Faden.

1. **Gesprächseinstieg**
   Er dient dazu, dem Gesprächspartner mitzuteilen, um was es geht, und auch dazu, die Ernsthaftigkeit des Anliegens deutlich zu machen.

2. **Wahrnehmung**
   Hier gilt es, die eigene Wahrnehmung zu schildern, als Ich-Botschaft und auf konkrete Wahrnehmungen gestützt.
   Ausgehend von der Tatsache, dass unsere eigenen Wahrnehmungen nicht der Wahrheit entsprechen, weil es die »eine« Wahrheit nicht gibt, geht es hier um die Darstellung der eigenen Perspektive. Damit schlagen wir zwei Fliegen mit einer Klappe: Zum einen müssen wir uns in der Vorbereitung des Gesprächs darüber klar werden, was genau unsere Wahrnehmungen waren. Zum anderen impliziert die eigene Perspektive, dass es noch eine andere gibt.
   Manchmal steckt man im Dilemma, dass man zu wenige selbst gemachte Wahrnehmungen hat, wenn beispielsweise Beschwerden anderer Kollegen die Basis für das Gespräch bilden sollen. Ein Ge-

spräch ohne konkrete eigene Wahrnehmungen ist wie ein Tanz auf einem Drahtseil, ein gewiefter Gesprächspartner spürt intuitiv die Lücke in der Argumentationskette. Deshalb lieber noch etwas Zeit nehmen, um eigene Wahrnehmungen zu sammeln, als zu schnell und dadurch unvorbereitet ins Gespräch zu gehen.

3. Brücke bauen

Hier werden eigene Vermutungen geäußert über die Gründe, die den Mitarbeiter dazu veranlassten, sich so und nicht anders zu verhalten.

Die Brücke ist eines der wesentlichen Elemente des *Fair kritisieren*. Sie trennt die inhaltliche Ebene von der Beziehungsebene. Zusätzlich hat die Brücke die Aufgabe, dem Mitarbeiter zu verdeutlichen, dass es nicht darum geht, ihn in den Senkel zu stellen, sondern darum, ein deutliches und offenes Gespräch zu führen, mit dem Ziel, in der Zukunft beim Mitarbeiter eine Verhaltensveränderung zu erzielen.

Zusätzliche Empfehlung: Bauen Sie die Brücke nur zur Hälfte fertig, die andere Hälfte soll der Gesprächspartner bauen, will heißen, Sie kommen ihm entgegen, und er soll dann auch einige Schritte tun.

4. Eigenes Gefühl äußern

Nun wird die eigene Befindlichkeit geäußert. Hat mich das Verhalten des Mitarbeiters verärgert, enttäuscht, frustriert …?

Damit ist nicht gemeint, dass man sein Innerstes nach außen tragen oder gar die Psycho-Couch aufsuchen soll. Nein, es geht ganz einfach darum, die Emotionen zu sammeln, die durch das Verhalten oder das ausgebliebene Verhalten des Mitarbeiters ausgelöst wurden. Erst wenn diese Emotionen klar sind, sind sie auch sprachlich darstellbar und somit in einem Gespräch auch wirksam einsetzbar. Erst wenn ich weiß, was mich nervt, kann ich es meinem Gegenüber auch mitteilen und habe eine Chance, dass er besser versteht, wie es mir in der Situation geht.

5. Sichtweise einholen

Jetzt wird der Mitarbeiter um eine Stellungnahme gebeten, um seine Sicht der Dinge.

Dies ist der Perspektivenwechsel, welcher sich bei der Darstellung der eigenen Wahrnehmung bereits angedeutet hat. Der Mitarbeiter bekommt jetzt die Möglichkeit, seine Perspektive zu erläutern. Empfehlenswert ist, den Mitarbeiter hier ausreden zu lassen, das schafft Vertrauen und gibt Information.

6. Konsens über das Geschehene schaffen

Dieser Teil des Gesprächs erfüllt einen doppelten Zweck. Einerseits geht es um einen Austausch von Argumenten und eine weitestgehende Einigung darüber, was in der Vergangenheit nicht optimal gelaufen ist und wer welchen Anteil daran hatte. Es geht nicht um Schuldzuweisung, sondern um Übernahme von Verantwortung für das eigene Tun. Wichtig ist in dieser komplementären Gesprächssituation: Der Chef hat das letzte Wort.

Andererseits bringt es nichts, auf Chefseite recht behalten zu wollen um jeden Preis. In der Zukunft soll sich Entscheidendes ändern! Was nützt es mir als Chef, wenn der Mitarbeiter brav nickt und seine Fehler der Vergangenheit »voll und ganz« einsieht, aber in der Zukunft nichts ändert. Der Abschnitt »Konsens« dient dazu, Gemeinsamkeiten und Unterschiede in der Beschreibung und Bewertung der Situation zu erkennen, er dient nicht der Gleichmacherei. Das Ziel ist es, in die Zukunft zu schauen und gemeinsam ein vereintes Vorgehen zu vereinbaren, das die früheren Probleme überwindet.

7. Erwartung für die Zukunft äußern

Um zu verhindern, dass das Gespräch – obwohl es gut gelaufen ist – in Bezug auf die Ergebnisse im Sande verläuft, ist es wichtig, den Wunsch beziehungsweise die Erwartungen konkret zu machen.

8. Zusammenfassung des Gesprächs und Vereinbarung

9. Gesprächsausstieg

Beispiel Herr Maier

In unserem nächsten Beispiel werden wir den Fall des Herrn Maier besprechen, einem Abteilungsleiter, der fünf Mitarbeiter führt und mit einem dieser Mitarbeiter, Herrn Gerber, einen Konflikt hat.

Was ist passiert?

Nehmen wir einmal an, Herr Maier hat von seinem Chef einen Projektauftrag bekommen, den er gemeinsam mit seinen Mitarbeitern umsetzen soll. Dieser Auftrag ist für das Unternehmen von großer Wichtigkeit, und der Chef von Herrn Maier setzt große Stücke auf ihn und hat ihm deshalb dieses Projekt anvertraut. Das Projekt wird gemeinsam mit einer Nachbarabteilung durchgeführt. Herr Maier ist der Projektleiter und neben seinen eigenen Mitarbeitern sind auch einige Mitarbeiter aus der Nachbarabteilung als Projektmitarbeiter engagiert. Das Projekt läuft seit einigen Monaten, und in den letzten Wochen hat er mehrfach Berichte darüber bekommen, dass Herr Gerber seine Projektmitarbeit nicht (mehr) richtig ernst nimmt. Folgende Information hat er erhalten:

Herr Gerber käme zu vielen Meetings zu spät oder er müsse früher weg oder er gehe raus zum Telefonieren. Herr Gerber nähme die Teilprojekt-Aufträge zwar an, aber die Ergebnisse, die er abliefere, seien höchstens durchschnittlich. In Teilprojekt-Gruppen hielte Herr Gerber seine Zusagen nicht ein und gefährde somit den gesamten Projektablauf und den Erfolg.

Herr Maier hat dies gehört und zunächst einmal aufgenommen. Er macht sich nun daran, selbst zu prüfen, was denn an diesen Vorwürfen gegen seinen Mitarbeiter dran ist. Und tatsächlich, in den darauffolgenden Tagen bemerkt er ähnliche Dinge. Er kann es sich zunächst gar nicht vorstellen, weil er Herrn Gerber seit Langem kennt und solche Verhaltensweisen noch nie aufgetaucht sind.

Das Problem für Herrn Maier in der Klärung des Konflikts ist, dass er über mehrere Tage eigentlich weiß, dass er mit Herrn Gerber ein Gespräch führen sollte, dies aber mehr und mehr vor sich herschiebt. Denn er weiß nicht genau, wie Herr Gerber reagieren wird, und er fürchtet, dass Herr Gerber sich vehement wehrt oder vielleicht sogar emotional wird und das Ganze in einem wilden Disput endet und vielleicht dadurch noch schlimmer wird, als es vorher schon war.

Dieses Hinauszögern ist häufig ein Zeichen dafür, dass hier ein Konflikt heranwächst, der größer und größer zu werden droht. Denn es ist klar, falls Herr Gerber früher eine gute Arbeit abgeleistet hat und dies seit einigen Wochen nicht mehr tut, dann wird es dafür Gründe geben.

Je länger nun aber Herr Maier wartet, dies bei Herrn Gerber anzusprechen, desto mehr wird sich Herr Gerber auch schon Argumente oder gar Verteidigungsstrategien überlegt haben, um sich bei eventuellen Vorwürfen zur Wehr zu setzen.

Nun zurück zu Herrn Maier: Nehmen wir an, Herr Maier hat sich nun doch vorgenommen, das Gespräch anzugehen, denn er sieht auch seinen eigenen Erfolg im Projekt gefährdet, gerade weil ja auch sein Chef auf dieses Projekt ein besonderes Augenmerk gelegt hat.

Was ist zu tun? – Die Vorbereitung

Das Wichtige in diesem Fall ist, dass Herr Maier sich in einer ruhigen Minute zurücklehnt und überlegt, was alles genau passiert ist und was er davon selbst gesehen oder gehört hat. Das heißt, er sammelt seine eigenen Wahrnumgen.

Des Weiteren muss sich Herr Maier überlegen, wie es ihm selbst geht, jetzt da er weiß, dass Herr Gerber seine Aufgabe nicht so erfüllt, wie er es von ihm erwartet. In der Vorbereitung des Gesprächs muss Herr Maier sich deshalb darüber klar werden, inwiefern ihn dieses Verhalten seines Mitarbeiters ärgert, verstimmt, enttäuscht oder was auch immer. Es geht darum, dass Herr Maier sich über seine Gefühlslage klar wird. Wie bei der Darstellung des Ablaufs der Technik erläutert: Erst wenn ich weiß, was genau mich nervt, kann ich es meinem Gegenüber auch mitteilen und habe dadurch die Chance, dass er besser versteht, wie es mir in der Situation geht.

Das Gespräch

Es gibt verschiedene Möglichkeiten, ein solches Gespräch zu beginnen. Je nach Mitarbeiter kann es sinnvoll sein, das Gespräch vorher anzukündigen, z. B. mit den Worten: *»Könnten Sie vielleicht morgen Vormittag für 20 Minuten zu mir ins Büro kommen? Ich hätte eine Sache wegen des Projekts mit Ihnen zu besprechen.«* Oder man fragt den Mitarbeiter direkt, ob er mal kurz Zeit hätte: *»Es gibt etwas zu besprechen wegen des Projekts.«*

Das heißt, Herr Maier muss entscheiden, welche Einstiegsvariante bei Herrn Gerber die bessere ist. Zu weit im Vorfeld angekündigt, macht sich vielleicht der Mitarbeiter zu große Gedanken oder beginnt, Rechtfertigungsstrategien zu erarbeiten. Für manche Mitarbeiter ist es aber auch unangenehm, ad hoc zu einem Gespräch gebeten zu werden.

Die Technik *»Fair kritisieren«* hat als wesentliches Element die Trennung von sachlichem Inhalt und erlebter Emotion. Die Wahrnehmung von Herrn Maier und die dazugehörige Gefühlslage werden dabei explizit voneinander getrennt. Dazwischen wird die (halbe!) Brücke gebaut. Folgende Sätze können die halbe Brücke darstellen:

- ▶ »Ich weiß nicht, Herr Gerber, wieso Sie sich so verhalten hatten, aber ich denke, Sie hatten Ihre Gründe dafür.«
- ▶ »Ich verstehe nicht, warum Sie sich so verhalten haben in der Vergangenheit, aber vielleicht waren es einfach zu viele Aufgaben, die ich Ihnen übertragen habe.«
- ▶ »Ich kenne Sie sonst anders und insofern vermute ich, dass es bestimmte Gründe gibt, dass Sie sich so verhalten haben.«
- ▶ Usw.

Im Gespräch nach der kurzen Begrüßung und der Einleitung nennt Herr Maier zuerst seine Wahrnehmungen, dann baut er die Brücke und nennt dann sein Gefühl.

Konkret kann sich das wie folgt abspielen:

1. /2. **Gesprächseinstieg und Wahrnehmungen**

»Nun, Herr Gerber, schön, dass Sie sich für ein paar Minuten Zeit genommen haben. Ich möchte einige Dinge, die im Projekt in den letzten Wochen gelaufen sind, kurz mit Ihnen besprechen und möchte einfach mal ein paar Punkte schildern und danach Ihre Meinung dazu hören. Ich habe in den letzten Wochen mehrfach bemerkt, dass Sie zu spät zu Projekt-Sitzungen kamen, und als ich mir den Teilprojekt-Auftrag A angeschaut habe, fiel mir auf, dass wesentliche Punkte fehlten, und bei Teilprojekt-Auftrag B waren Sie zwei Wochen im Verzug, ohne dies vorher zu melden.«

3. **Jetzt die Brücke**

»Ich kenne Sie so nicht, ich habe Sie in der Vergangenheit als einen sehr zuverlässigen Mitarbeiter kennengelernt und deshalb denke ich, dass es irgendwelche Gründe gab für dieses Verhalten, die ich vielleicht bisher nicht kenne.«

4. **Jetzt das eigene Gefühl**

»Auf jeden Fall hat es mich sehr geärgert, Herr Gerber, und ich war – was den Teilprojekt-Auftrag B angeht, der nicht pünktlich kam, – enttäuscht, und ich habe mich wirklich gefragt, was da los war mit Ihnen.«

5. **Sichtweise einholen**

Jetzt ist der Moment, in dem Herr Gerber seine Sichtweise schildern kann, vielleicht eingeleitet durch die Frage des Herrn Maier, die lautet: *»Was meinen Sie denn dazu, was ist denn Ihre Sichtweise, Herr Gerber?«* Wichtig ist hier, Herrn Gerber aussprechen zu lassen.

6. **Konsens schaffen**

In dieser Phase des Gesprächs geht es darum, einen Konsens zu finden, der sich inhaltlich immer mehr in Richtung Zukunft orientiert.

Das bedeutet, Herr Maier sollte eine klare Sprache sprechen über die Verfehlungen in der Vergangenheit und diese auch nicht tolerieren – auch im Nachhinein nicht. Gleichzeitig sollte er den Fokus in Richtung Zukunft wenden, um mit Herrn Gerber eine tragfähige Vereinbarung für die nächsten Wochen und Monate zu finden, um das Projekt erfolgreich abzuschließen.

Fair kritisieren!

1. Gesprächseinstieg
2. Wahrnehmung
3. Brücke bauen
4. Eigenes Gefühl
5. Sichtweise einholen
6. Konsens schaffen
7. Erwartung äußern
8. Zusammenfassung und Vereinbarung
9. Gesprächsausstieg

In diesem Teil des Gesprächs, *Konsens* genannt, können und sollten natürlich auch inhaltliche Argumente angeführt werden. Diese haben hier ihren richtigen Platz und können auch dazu dienen, Herrn Gerber von einer Veränderung seines Verhaltens zu überzeugen.

7.–9. Erwartung äußern, Vereinbarung und Zusammenfassung

Im weiteren Verlauf geht es dann um eine klare Äußerung der Erwartung des Herrn Maier an den Herrn Gerber und eine Zusammenfassung inklusive einer Vereinbarung am Ende des Gesprächs.

Dies könnte Herr Maier z. B. folgendermaßen äußern:

»Also, Herr Gerber, jetzt nach unserem Gespräch verstehe ich besser, wodurch es zu dem Nachlassen Ihrer Arbeitsleistung in den vergangenen Wochen kam, darüber haben wir uns ja jetzt ausführlich ausgetauscht.

In der Zukunft gehe ich davon aus, dass Sie Ihre Arbeit vor allem auch im Projekt erfüllen und auch inhaltlich in der Qualität, wie ich es von Ihnen gewohnt bin und es auch schätze.

Lassen Sie uns Folgendes vereinbaren: Wir treffen uns in zwei Wochen noch einmal zu einem kurzen Gespräch. Dort werden wir gemeinsam schauen, wie es sich verändert hat. Ich danke Ihnen auf jeden Fall für das offene Gespräch.«

Konfliktklärung mit Chefs:
Anliegen platzieren – Das Werkzeug

| Auswahl des Tools | direkt beteiligt am Konflikt | • Zielkonflikt
• Methoden-
  konflikt
• Werte-
  konflikt
• Rollen-
  konflikt | Mitarbeiter mit Chef | Anliegen platzieren
Beispiel:
Unterbrochene
Präsentation |

Wenn wir unzufrieden sind mit etwas, was nur die Führungskraft ändern kann, gilt es, das persönliche Anliegen gut zu platzieren. Nicht das *Was* ist wichtig, sondern das *Wie* und das *Wann*. In diesem Fall hilft die Methode *Anliegen platzieren* als roter Faden. Diese ähnelt auf den ersten Blick der Technik *Fair kritisieren*, unterscheidet sich aber in einigen wesentlichen Punkten. Im Anschluss an den jeweiligen Schritt ist das entsprechende Ziel, die Essenz erläutert.

Zunächst vereinbaren Sie mit der Führungskraft (FK) einen Termin für ein Gespräch, an dem Sie möglichst ungestört reden können. Die Wichtigkeit des Anliegens entscheidet über den Rahmen. Falls es weniger wichtig ist, können Sie auch direkt in einem günstigen Moment (aber auf jeden Fall ungestört!) auf die FK zugehen.

Das Gespräch selbst sollte dann nach folgendem Muster ablaufen:

1. **Gesprächseinstieg**
   Nehmen Sie Bezug auf die Ankündigung und fassen Sie kurz zusammen, worum es geht.

2. **Wahrnehmung**
   Es gilt, die eigene Wahrnehmung zu schildern, als Ich-Botschaft und auf konkrete Wahrnehmungen gestützt.

Wir müssen uns in der Vorbereitung des Gesprächs darüber klar werden, was genau unsere Wahrnehmungen waren. Im Unterschied zur Technik *Fair kritisieren* braucht es hier eine sehr genaue Vorbereitung. Die eigenen Wahrnehmungen müssen »wasserdicht« sein. Falls Ihr Chef Kritik nicht so gerne annimmt, wird er sonst bereits an dieser Stelle einhaken und Ihren roten Faden unterbrechen.

Deshalb lieber etwas mehr Zeit nehmen, um die eigenen Wahrnehmungen zu sammeln, als zu schnell das Gespräch zu suchen.

3. Brücke bauen

Hier werden eigene Vermutungen geäußert über die Gründe, die den Chef dazu veranlassten, sich so und nicht anders zu verhalten.

Die Brücke ist eines der wesentlichen Elemente dieser Technik. Sie trennt die inhaltliche Ebene von der Beziehungsebene. Zusätzlich hat die Brücke die Aufgabe, dem Chef zu verdeutlichen, dass es nicht darum geht, sein Verhalten zu kritisieren, sondern darum, ein offenes Gespräch zu führen, mit dem Ziel, in der Zukunft anders vorzugehen.

Um bei dem Bild »Brücke bauen« zu bleiben: Bauen Sie die Brücke nur zur Hälfte fertig, kommen Sie ihm entgegen. Laden Sie ihn dadurch ein, Ihnen ebenfalls entgegenzukommen.

4. Eigenes Gefühl äußern

Nun wird die eigene Befindlichkeit geäußert. Hat mich das Verhalten des Chefs verärgert, verstimmt, enttäuscht, frustriert, usw.? Es geht ganz einfach darum, sich der Emotionen bewusst zu werden, die bei Ihnen durch das Verhalten oder das ausgebliebene Verhalten des Chefs ausgelöst wurden. Erst wenn diese Emotionen klar sind, sind sie auch sprachlich darstellbar und somit in einem Gespräch auch wirksam einsetzbar. Erst wenn ich weiß, was mich nervt, kann ich es meinem Gegenüber auch mitteilen und habe eine Chance, dass er besser versteht, wie es mir in der Situation geht, und kann auch

Tipp!
Wenn Sie befürchten, das echte Gefühl könnte zu viel sein für den anderen, »verlagern« Sie es in die Vergangenheit.

adäquat reagieren. Dies ist natürlich eine Gratwanderung. Es braucht an dieser Stelle des Gesprächs mehr Mut als bei einem Gespräch mit einem Mitarbeiter und der Technik *Fair kritisieren*. Das Risiko ist ganz einfach größer.

Im Unterschied zu einem Konfliktlösungsgespräch mit einem Mitarbeiter spielt die Kürze der Startsequenz eine große Rolle. Ein Mitarbeiter lässt Sie eher ausreden, als dies ein Chef eventuell tut. Damit die Technik auch richtig wirkt, sollte es Ihnen deshalb gelingen, an einem Stück die ersten vier Schritte zu »gehen«, ohne unterbrochen zu werden. Aus meiner Erfahrung haben Sie für die Schritte 1–4 des Gesprächs sehr wenig Zeit, maximal eine Minute (siehe dazu auch das Beispiel im Anschluss).

5. **Sichtweise einholen**
Jetzt wird der Chef gebeten, seine Sicht der Dinge darzustellen.

6. **Konsens über das Geschehene schaffen**
Dieser Teil des Gesprächs erfüllt einen doppelten Zweck. Einerseits geht es um einen Austausch von Argumenten und eine weitestgehende Einigung darüber, was in der Vergangenheit nicht optimal gelaufen ist und wer welchen Anteil daran hatte. Es geht nicht um Schuldzuweisung, sondern um Übernahme von Verantwortung für das eigene Tun. Wichtig ist auch in dieser komplementären Gesprächssituation: Der Chef hat das letzte Wort. Es geht für Sie – in der vermeintlich schwächeren Position – darum, dass sich in der Zukunft Entscheidendes ändert! Deshalb nicht zu sehr darauf beharren, in der Diskussion recht zu bekommen. Was nützt es mir als Mitarbeiter, wenn der Chef nickt, aber sich in der Zukunft nichts ändert. Das Ziel muss sein, in die Zukunft zu schauen und gemeinsam ein vereintes Vorgehen zu vereinbaren, welches die früheren Probleme überwindet.

7. **Wunsch (keine Erwartung!) für die Zukunft äußern**
Um zu verhindern, dass das Gespräch in Bezug auf die Ergebnisse im Sande verläuft, ist es wichtig, den Wunsch konkret zu machen.

Auch bei diesem Schritt braucht es Mut. Lieber weniger aushandeln und das konkret benennen, als vieles ansprechen und dabei zu vage bleiben.

8. **Zusammenfassung des Gesprächs (keine Vereinbarung!)**
Auch wenn Sie Ihrem Chef keine Vereinbarung aufzwingen können, macht es trotzdem Sinn, die wesentlichen Ergebnisse zusammenzufassen.

9. **Gesprächsausstieg**

 **Beispiel: Unterbrochene Präsentation**

Was ist passiert?

Angenommen, Herr Becker hat für seinen Chef eine Präsentation vorbereitet, die in einer Vorstandssitzung gehalten werden soll. Es geht dabei um eine Marktanalyse, in der Chancen und Risiken des Eintritts in einen neuen Markt dargestellt werden sollen. Der Chef hat ihm vorgeschlagen, gemeinsam mit ihm in der Vorstandssitzung die Präsentation zu halten. Folgende Aufteilung ist geplant: Herr Becker soll die Präsentation halten, veranschlagte Zeit dafür: 20 Minuten, und er würde dann im Anschluss an die Präsentation die Fragen der Zuhörer beantworten. Herr Becker freut sich darüber und bereitet sich auch entsprechend vor, da es nicht so oft passiert, dass er vor einem solchen Gremium präsentiert.

Während der Präsentation ist es allerdings so, dass Herrn Beckers Chef ihn nach ca. fünf Minuten unterbricht und die Präsentation selbst zu Ende führt, inklusive Beantwortung der weiteren Fragen. Verständlicherweise traut Herr Becker sich in der Situation nicht mehr, das Zepter selbst an sich zu nehmen.

Im Anschluss an die Präsentation bleibt sein Chef noch etwas länger in der Sitzung, die Herr Becker für einen anderen Termin verlässt.

Herr Becker sieht seinen Chef erst einige Tage nach der Präsentation wieder. Dieser geht kurz auf die Sitzung ein und ist mit dem Ergebnis anscheinend sehr zufrieden, auch der Vorstand habe ihm Ähnliches rückgemeldet. Herr Becker überlegt sich kurz, ob er seinen Chef bei der Gelegenheit direkt darauf ansprechen soll. Nachdem dieser allerdings so zufrieden ist, traut sich Herr Becker nicht mehr. Er will nicht riskieren, seinen Chef aus dieser guten Stimmung herauszuholen. Mit einem seiner Kollegen tauscht er sich kurz danach über seine Erlebnisse aus. Dieser antwortet nur lapidar: »*Das kenne ich, das ist mir auch schon passiert. Der Chef springt dann kurz rein, redet sich warm und ist dann nicht mehr zu stoppen.*« Sein Kollege nimmt dies scheinbar locker, Herr Becker allerdings ist – obwohl schon zehn Tage vergangen sind – immer noch verärgert und sauer über die Situation. Er nimmt sich vor, ein Gespräch mit seinem Chef zu führen.

Was ist zu tun? – Die Vorbereitung

Wichtig für Herrn Becker ist es, die Situation in der Präsentation nochmals anzuschauen. Stellen wir uns einfach vor, Herr Becker hätte die Fragen aus dem *Fragenkatalog* (vgl. Kapitel 5, S. 93 ff.) für sich beantwortet und wäre zu folgenden Erkenntnissen gekommen:

Einschätzung von Herrn Becker zur Entstehung des Konflikts: »*Mein Chef hat mich einfach unterbrochen, hat selbst die Präsentation übernommen und ich stand da wie bestellt und nicht abgeholt. Mein Chef ist wohl sehr zufrieden damit und hat gar nicht gemerkt, wie es mir dabei ging, und hat die Absprache, die wir getroffen hatten, einfach vergessen. Ich bin genervt und enttäuscht. Ich hatte mich sehr gut vorbereitet und hätte es genauso gut gemacht wie er selbst.*«

Einschätzung von Herrn Becker zur aktuellen Situation des Konflikts: »*Die Einschätzung meines Chefs ist wohl die, dass alles gut gelaufen sei, vor allem, weil der Vorstand zufrieden war. Ich allerdings bin überhaupt nicht zufrieden, ich hätte mich überhaupt nicht vorbereiten müssen, die Zeit und Mühe hätte ich mir sparen können.*«

Einschätzung von Herrn Becker zur zukünftigen Situation: *»Beim nächsten Mal möchte ich es vorher genau wissen, entweder ich komme dran oder – wenn nicht – dann spare ich mir die Zeit für die Vorbereitung.«*

Es handelt sich hier um einen Zielkonflikt; Herr Becker hatte das Ziel, dass er selbst eine gute Präsentation hält – vor dem Vorstand, im Beisein seines Chefs. Darauf hat er sich vorbereitet. Sein Chef allerdings möchte eine gute Präsentation abliefern, es geht ihm um die Gesamtleistung seiner Abteilung; wer die Präsentation hält, ist letztendlich weniger wichtig.

Das Gespräch

Eine kurze Frage kündigt das Gespräch an:
»Guten Morgen, Herr Ullmann, ich würde gerne mit Ihnen kurz über die Präsentation beim Vorstand letzte Woche sprechen, haben Sie heute Nachmittag einige Minuten Zeit?«

Anliegen platzieren

1. Gesprächseinstieg
2. Wahrnehmung ⎤
3. Brücke bauen ⎬ 1 Min.
4. Eigenes Gefühl ⎦
5. Sichtweise einholen
6. Konsens schaffen
7. Wunsch äußern
8. Zusammenfassung
9. Gesprächsausstieg

1. **Gesprächseinstieg**
    »Hallo Herr Ullmann, prima, dass es bei Ihnen so kurzfristig geklappt hat. Es geht um Folgendes: Wir hatten ja letzte Woche gemeinsam die Präsentation beim Vorstand. Hierüber würde ich gerne kurz mit Ihnen sprechen.«
    Hier nehmen Sie Bezug auf die Ankündigung und fassen kurz zusammen, worum es geht.

2. **Wahrnehmung**
    »Die Präsentation lief ja insgesamt gut. Im Vorfeld hatten Sie vorgeschlagen, dass wir uns die Arbeit aufteilen, ich sollte die Präsentation halten und Sie die Fragen des Vorstands beantworten. Es lief

ja aber so, dass Sie nach ca. fünf Minuten übernommen und auch die Fragen alleine beantwortet haben. Ich stand mehr oder weniger nur dabei.«

Kurz und bündig sollte es sein und Wahrnehmungen berücksichtigen, die wasserdicht sind. Das bedeutet, sich auf Fakten zu konzentrieren (Arbeit aufteilen, ca. fünf Minuten, Fragen alleine beantwortet). An dieser Stelle ist es zudem wichtig, sofort weiterzusprechen, damit der Chef nicht in eine zu lange Pause hinein spricht und jetzt schon seine Perspektive schildert.

3. Brücke bauen

Es gibt mehrere Möglichkeiten, die Brücke zu formulieren:

▶ *»Ich vermute, dass Sie befürchtet haben, dass es dem Vorstand zu lange dauern würde, und Sie mich deshalb unterbrochen haben.«*

▶ *Ich weiß nicht genau, Herr Ullmann, was die Hintergründe waren, aber Sie haben sich sicherlich etwas dabei gedacht.«*

▶ *»Es gab bestimmt Gründe dafür zu übernehmen.«*

Auch jetzt gilt es, möglichst ohne Pause weiterzusprechen.

4. Eigenes Gefühl äußern

Folgende Varianten sind denkbar:

▶ *»Es hat mich trotzdem (ein wenig) geärgert, auch weil Sie mich danach nicht mehr darauf angesprochen haben.«*

▶ *»Ich habe es nicht verstanden und war auch ein Stück sauer, weil wir es so nicht vereinbart hatten.«*

Wie an anderer Stelle bereits angesprochen, ist dies eine Gratwanderung, weil man nie weiß, wie der Chef reagieren wird. Deshalb an dieser Stelle ein Kniff: In den meisten Fällen hilft es sehr, das Gefühl in die Vergangenheit zu verlagern. Das bedeutet, man spricht über die Situation, wie sie in der Vergangenheit war, also aus einer eher distanzierten Position. Ein Beispiel:

»Kurz nach der Präsentation habe ich mich sehr darüber geärgert, Herr Ullmann, inzwischen geht es schon wieder, aber ich wollte es trotzdem kurz mit Ihnen besprechen.«

Durch die Verlagerung des Gefühls in die Vergangenheit schlägt man zwei Fliegen mit einer Klappe: Man zeigt, dass man seine Emotionen im Griff hat, ohne sie abzuwürgen. Gleichzeitig ist dies eine gute Möglichkeit, das eigene Gefühl in aller Deutlichkeit (»ich habe mich *sehr* geärgert«) konkret zu benennen.

Wie in der Beschreibung der Technik *Anliegen platzieren* im vorangegangenen Kapitel bereits dargestellt, hängt der Erfolg sehr davon ab, ob es Ihnen gelingt, diese vier Schritte in einem Zug durchzuführen. Vom Gesprächseinstieg über die Wahrnehmung, dann die Brücke bis hin zum eigenen Gefühl.

Aus meiner Erfahrung hat Herr Becker hierfür nicht mehr als eine Minute Zeit. Wenn es länger dauert, besteht die Gefahr, dass der Chef unterbricht. Sollte er dies tun, bevor die »Brücke« angesprochen wurde, müsste man diese nachliefern, und das hört sich dann immer so an, als würde man schnell einlenken bzw. nachgeben. Deshalb gut vorbereiten und flott, aber ohne hektisch zu werden, diese vier Schritte gehen.

5. **Sichtweise einholen**
   »Was ist Ihre Sicht der Dinge, was meinen Sie dazu, Herr Ullmann?«

6. **Konsens über das Geschehene schaffen**
   Hier werden die Argumente ausgetauscht. Herr Becker hat auch die Möglichkeit, zusätzliche Einschätzungen einzubringen, die er zuvor – aus Gründen der knappen Zeit – weggelassen hatte. Zum Beispiel:

▶ *»Ich hatte mich intensiv vorbereitet, weil ich natürlich auch eine gute Figur abgeben und unsere Abteilung gut vertreten wollte.«*
▶ *»Es war mir wichtig, denn das Thema, um das es ging, ist ja mein Spezialthema, da hängt Herzblut dran.«*

▶ *»Wenn Sie nicht den Vorschlag gemacht hätten, dass wir uns die Arbeit aufteilen, wäre ich gar nicht auf die Idee gekommen, selbst präsentieren zu wollen.«*

▶ *»Mir ist in der Sitzung schon aufgefallen, dass die Präsentation nicht so flüssig lief, wie es hätte sein können. Insofern kann ich nachvollziehen, dass Sie eingegriffen haben. Was mich störte, war die Tatsache, dass Sie kein Wort darüber verloren hatten im Anschluss an die Sitzung.«*

▶ *Usw.*

Es geht nicht um Schuldzuweisung, sondern um Übernahme von Verantwortung für das eigene Tun. Wichtig: Der Chef hat das letzte Wort. Das Ziel ist es, in die Zukunft zu schauen und gemeinsam ein Vorgehen zu vereinbaren, welches die früheren Probleme überwindet.

7. Wunsch (keine Erwartung!) für die Zukunft äußern

Eine Erwartung gegenüber dem Chef zu äußern oder gar einzufordern, macht in den wenigsten Fällen Sinn. Wie heißt es so schön: Man kann gegenüber dem Chef alles erwarten, man darf nur nicht die Erwartungen haben, dass dies eintrifft. Besser ist es, einen Wunsch zu äußern. Motto: Lieber weniger aushandeln und das konkret benennen, als vieles ansprechen und dabei zu vage bleiben. Beispiele sind:

▶ *»Mir ist vor allem wichtig, dass wir uns für das nächste Mal besser vorbereiten. Mein Vorschlag ist, dass wir uns vor dem nächsten Termin einmal zusammensetzen und Sie mir sagen, wie genau Sie die Präsentation gerne hätten, welche Fallstricke zu erwarten sind und was ich beachten soll.«*

▶ *»Mir wäre lieber, wir teilen uns die Präsentation von vornherein auf, dann weiß ich, welchen Teil Sie machen werden.«*

▶ *Usw.*

8. **Zusammenfassung des Gesprächs (keine Vereinbarung!)**
Auch wenn Herr Becker seinem Chef keine Vereinbarung aufzwingen kann, macht es trotzdem Sinn, die wesentlichen Ergebnisse zusammenzufassen.

9. **Gesprächsausstieg**
»Vielen Dank, dass Sie sich die Zeit genommen haben.«

Konfliktklärung mit Menschen auf Augenhöhe

In dieser Situation stehen uns zwei unterschiedliche Werkzeuge zur Verfügung. Wenn es sich tatsächlich um einen Konflikt mit einem Menschen auf Augenhöhe handelt, ist *Klärung auf Augenhöhe* die Technik der Wahl.

Es gibt allerdings auch Konstellationen, in denen zwei Menschen nur scheinbar auf Augenhöhe sind. Beispielsweise, wenn zwei Kollegen in derselben Abteilung arbeiten, aber auf eine deutlich unterschiedliche Erfahrung zurückgreifen können. Wenn einer der beiden seit vielen Jahren im Unternehmen arbeitet, der andere gerade frisch hinzugekommen ist, haben wir eine solche scheinbare Symmetrie.

Ein weiteres Beispiel dafür ist häufig in der Projektarbeit vorzufinden. Ein Mitarbeiter ist Teilprojektleiter, der andere – in der Linie sein Kollege – ist Mitarbeiter in diesem Teilprojekt. Wenn jetzt der Kollege mit der langjährigen Erfahrung mit seinem jüngeren Kollegen oder der Teilprojektleiter mit dem Teilprojektmitarbeiter ein Konfliktklärungsgespräch führen will, dann kann er auch auf die Technik *Fair kritisieren* zurückgreifen.

Wir fokussieren uns im Folgenden auf die Technik *Fördernd kommunizieren*, das Werkzeug der Wahl bei einer echten Symmetrie.

Klärung auf Augenhöhe – Das Werkzeug

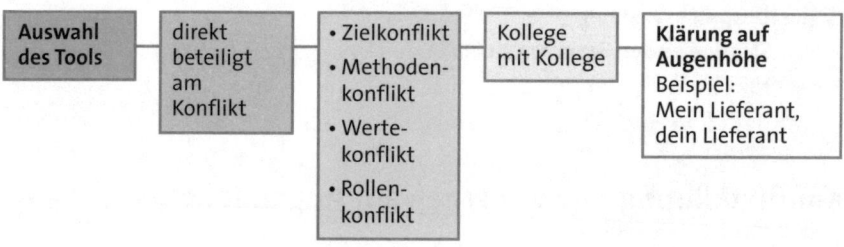

Auswahl des Tools	direkt beteiligt am Konflikt	• Zielkonflikt • Methoden- konflikt • Werte- konflikt • Rollen- konflikt	Kollege mit Kollege	Klärung auf Augenhöhe Beispiel: Mein Lieferant, dein Lieferant

Analog zu den bisherigen Techniken gibt es auch in diesem Fall einen roten Faden, an dem man sich in der Vorbereitung und Durchführung des Konfliktgesprächs auf Augenhöhe orientieren kann.

1. **Gesprächseinstieg**
   Da es sich um einen Kollegen handelt, ist der Gesprächseinstieg vergleichsweise einfach. Achten Sie bitte trotzdem darauf, dass Sie Ihren Kollegen möglichst ungestört sprechen können.

2. **Wahrnehmung**
   Es gilt, die eigene Wahrnehmung zu schildern, als Ich-Botschaft und auf konkrete Wahrnehmungen gestützt.
   Auch hier muss man sich in der Vorbereitung des Gesprächs darüber klar werden, was genau die eigenen Wahrnehmungen waren.

3. **Eigene Perspektive**
   Im Gegensatz zu den bisher vorgestellten Techniken können wir hier auf die Brücke verzichten. Es reicht, die eigene Perspektive zu erläutern: Hierzu gehören beispielsweise eigene Einschätzungen, eigene Bewertungen und auf jeden Fall das eigene Gefühl. Allerdings kurz und bündig, damit der Gesprächspartner nicht auf die Idee kommt, Sie zu unterbrechen.

4. **Vermutungen über die Perspektive des Gesprächspartners**
    Jetzt sind Ihre Vermutungen über die Einschätzungen, Bewertungen und Gefühle des Konfliktpartners gefragt. Je nachdem, wie gut Sie Ihren Kollegen kennen, können Sie mehr oder weniger deutlich werden.

5. **Sichtweise des Gesprächspartners**
    Direkt im Anschluss an Ihre Vermutungen wird der Gesprächspartner eingeladen, seine Sichtweise darzustellen und Ihre Vermutungen gegebenenfalls zu korrigieren und zu ergänzen.

6. **Konsens schaffen**
    Wie in den bisher vorgestellten Techniken erfüllt dieser Schritt einen doppelten Zweck. Zum einen geht es um den Austausch von Argumenten und Sichtweisen darüber, was in der Vergangenheit nicht optimal gelaufen ist. Es geht folglich nicht um Schuldzuweisungen, sondern um Übernahme von Verantwortung für das eigene Tun.
    Zum anderen soll sich in der Zukunft Entscheidendes ändern! Deshalb nicht zu sehr darauf beharren, in der Diskussion recht zu bekommen. Auch hier gilt: Was nützt es mir, wenn mein Kollege zwar nickt, aber sich in der Zukunft nichts ändert.

7. **Wunsch/Erwartung**
    Lieber weniger aushandeln und das auch konkret benennen, als vieles ansprechen und dabei zu vage bleiben.

8. **Zusammenfassung des Gesprächs und Vereinbarung**
    Auch wenn Sie Ihrem Kollegen keine Vereinbarung aufzwingen können, macht es trotzdem Sinn, die wesentlichen Ergebnisse zusammenzufassen.

9. **Gesprächsausstieg**

Beispiel: Mein Lieferant, dein Lieferant

Was ist passiert?

Klaus Gerstner und Michael Kern sind seit Jahren Kollegen in einer Einkaufsabteilung. Beide kümmern sich gemeinsam um den Fachbereich operativer Einkauf eines mittelständischen Unternehmens. Beide haben sich die Lieferanten untereinander aufgeteilt. Jeder hat also seinen Lieferantenstamm, in Urlaubszeiten vertreten sie sich gegenseitig.

An einem Vormittag hatte sich einer der größten Lieferanten aus Herrn Gerstners Bereich zum Besuch angemeldet. Als er eintrifft, ist Herr Gerstner gerade nicht im Büro, also begrüßt Herr Kern den Lieferanten, Herrn Müller. Aus Vertretungszeiten ist er ihm auch bekannt, sodass sich schnell ein angeregtes Gespräch entwickelt. Mir nichts, dir nichts ist man bei den Geschäftsthemen. Als Herr Gerstner nun einige Zeit später das Büro betritt, sieht er die beiden im Besprechungsraum sitzen. Er sagt zwar nichts, aber er ist sichtlich verärgert. Er verlässt das Büro und kommt erst zurück, als der Lieferant gegangen ist.

Herr Kern ist verwundert und auch ein Stück verärgert über das Verhalten seines Kollegen. Er spricht ihn aber am selben Tag nicht mehr an, weil er erst einmal eine Nacht darüber schlafen will. Da er aber mit dem Kollegen ein Büro teilt, kann er diese Situation nicht auf sich beruhen lassen und entscheidet sich, es anzusprechen.

Was ist zu tun? – Die Vorbereitung

Als Vorbereitung für das Gespräch, das er am nächsten Tag angehen will, beantwortet er für sich die Fragen aus dem *Fragenkatalog* (vgl. Kap. 5, S. 93 ff.) und kommt zu folgenden Erkenntnissen:

Einschätzung von Herrn Kern zur Entstehung des Konflikts: »*Herr Gerstner hat sich darüber aufgeregt, dass ich mit seinem Lieferanten das Gespräch geführt habe. Er vermutet wahrscheinlich, dass ich ihm zuvorkom-*

*men wollte und ihn absichtlich außen vor ließ. Das war überhaupt nicht
meine Absicht, und ich bin verärgert über seine Reaktion.«*

Einschätzung von Herrn Kern zur aktuellen Situation des Konflikts:
*»Ich wollte Herrn Gerstner unterstützen und den Lieferanten einfach nur
begrüßen. Undank ist der Welten Lohn. Es ist nicht klar, wie wir in solchen
Situationen verfahren sollen, und den Lieferanten ist unsere Zuordnung
anscheinend nicht bewusst.«*

Einschätzung von Herrn Kern zur zukünftigen Situation: *»Wir müssen klären, wie wir grundsätzlich vorgehen und wie wir solche Missverständnisse
in Zukunft verhindern können.«*

Es handelt sich hier um einen Methodenkonflikt, es geht um das *Wie*.

Das Gespräch

Die Besonderheit hier ist, dass die beiden Konfliktpartner sich ein Büro
teilen. Herr Kern kann also nicht zu lange einen günstigen Zeitpunkt ab-
warten, sondern muss recht bald loslegen.

1. **Gesprächseinstieg**

    *»Guten Morgen, Klaus, wenn du nachher mal Zeit hast, würde ich
    gerne mit dir über gestern sprechen.«*

    Es macht trotz der Dringlichkeit keinen Sinn, den Kollegen sofort
    zu überfallen. Besser ist es, ihm ein wenig Luft zu lassen und trotz-
    dem deutlich zu machen, dass es nicht lange warten kann.

2. **Wahrnehmung**

    *»Als gestern Herr Müller bei uns war und ich mit ihm im Bespre-
    chungszimmer saß, kamst du ja kurz rein und bist sofort wieder
    hinausgegangen. Dabei hast du die Bürotüre laut zugeschlagen. Das
    ist sonst gar nicht deine Art, auch Herr Müller wunderte sich.«*

    Kurz und bündig sollte es sein und Wahrnehmungen berücksich-
    tigen, die wasserdicht sind. Das bedeutet, sich auf Fakten zu kon-

Klärung auf Augenhöhe

1. Gesprächseinstieg
2. Wahrnehmung
3. Eigene Perspektive
4. Vermutungen über die Perspektive des anderen
5. Sichtweise einholen
6. Konsens schaffen
7. Wunsch/Erwartung äußern
8. Zusammenfassung und Vereinbarung
9. Gesprächsausstieg

zentrieren (Tür laut zugeschlagen). An dieser Stelle ist es zudem wichtig, sofort weiterzusprechen, damit der Kollege nicht in eine zu lange Pause hinein spricht und jetzt schon seine Perspektive schildert oder eine Gegenposition einnimmt.

3. **Eigene Perspektive**
»*Ich war echt verwundert und auch ein wenig verärgert, dass du gleich wieder hinausgegangen bist. Als Herr Müller kam, konnte ich ihn doch nicht einfach so stehen lassen. Also führte ich ihn ins Besprechungszimmer. Er verwickelte mich dann sofort ins Gespräch.*«
Hier ist es wichtig, sich auf das Wesentliche zu beschränken. Wenn man mehr Details ergänzen möchte, ist dazu im weiteren Verlauf des Gesprächs noch Zeit.

4. **Vermutungen über die Perspektiven des Gesprächspartners**
»*Ich vermute, dass du geglaubt hast, ich wolle dir einen deiner wichtigsten Lieferanten wegschnappen. So nach dem Motto: Kaum bin ich mal für ein paar Minuten weg, schon drängt er sich dazwischen. Es hat wahrscheinlich auch so ausgesehen, als du hereinkamst. Herr Müller und ich – bei Kaffee und Keksen – ins Gespräch vertieft.*«

5. **Sichtweise des Gesprächspartners**
»*Wie siehst du denn die Sache, was kam denn bei dir an?*«

6. **Konsens schaffen**
Hier in diesem Beispiel wird es wichtig sein, dass die beiden Kollegen nicht nur über den Besuch des Lieferanten, also über den Anlass sprechen. Die Ursache scheint tiefer zu liegen. Herr Kern könnte beispielsweise fragen:

»Lass uns doch mal schauen, was wir grundsätzlich verändern können in der Zusammenarbeit. Was fällt dir denn hierzu ein? Wie können wir die Rollen besser aufteilen, was kann jeder von uns anders tun?«

7. **Wunsch/Erwartung**
Herr Kern könnte folgende Wünsche äußern: *»Ich schlage zwei Dinge vor: Wenn wieder einmal eine solche Situation wie gestern passiert, dann frage bitte direkt nach. Im konkreten Fall hättest du mich einfach kurz nach draußen bitten können. Das würde ich mir für das nächste Mal wünschen. Grundsätzlich gilt aber, dass jeder – wie abgesprochen – seine Lieferanten betreut. Gespräche wie gestern können zwar vorkommen, sollten aber vermieden werden. Was meinst du dazu?«*

8. **Zusammenfassung des Gesprächs und Vereinbarung**

9. **Gesprächsausstieg**
»Vielen Dank, Klaus, dass wir das gleich klären konnten.«

Sonderfall Verteilungskonflikt

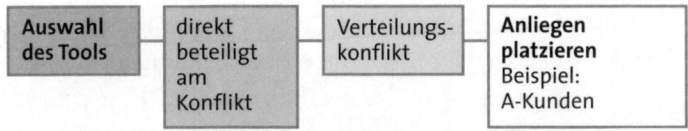

In Kapitel 4 haben wir uns bereits intensiv um den Sonderfall Verteilungskonflikt gekümmert. Die Regel ist: Die nächsthöhere Instanz muss entscheiden. Es kann nicht den Kontrahenten überlassen werden, eine solche Dilemma-Situation zu entscheiden.

Die Vorgehensweise beinhaltet folgende Schritte: Zuerst klärt man mit der nächsthöheren Instanz – meistens der Chef – den Verteilungskonflikt. Technik der Wahl hierfür ist das *Anliegen platzieren*.

Im Entscheidungsbaum entspricht dies der Kette: direkt beteiligt, Sonderfall Verteilungskonflikt, komplementäre Situation nach oben – Technik *Anliegen platzieren*.

Nach einer gewissen Wartezeit – im Normalfall Tage bis Wochen – wird überprüft, welche Konflikte zusätzlich noch vorhanden sind. Zumeist ist die Luft nach Bereinigung des Verteilungskonflikts schon bedeutend klarer. Falls aber doch noch etwas zu klären ist, dann einfach anhand des Entscheidungsbaums die angemessene Technik auswählen.

Beispiel: A-Kunden

Was ist passiert?

Angenommen, Abteilungsleiter Schmidt und Abteilungsleiter Huber sind Mitarbeiter des Hauptabteilungsleiters Schillinger. Wenn Herr Schmidt und Herr Huber einen Konflikt darüber haben, wessen Abteilung ab jetzt die A-Kunden, also die wichtigen Kunden, betreuen darf, dann wird dieser Konflikt eskalieren, solange sich Hauptabteilungsleiter Schillinger diesbezüglich nicht eindeutig äußert. Diesen Fall gibt es übrigens nicht selten. Chefs ziehen sich aus einer fälligen Entscheidung heraus oder fällen diese Entscheidung nicht in der notwendigen Geschwindigkeit und Konsequenz, aus welchen Gründen auch immer.

Merke!
Bei einem *Verteilungskonflikt* ist eine Entscheidung des Chefs gefragt.

Nehmen wir aber einmal an, dass Hauptabteilungsleiter Schillinger ein entscheidungsfreudiger und klar strukturierter Chef ist. Dann ist es so, dass irgendwann die Entscheidung fällt, z. B. zugunsten von Herrn Schmidt und dessen Abteilung, die ab jetzt die A-Kunden betreuen soll, während Herr Huber sich mit den B- und C-Kunden beschäftigt.

Die Folge dieser Entscheidung ist, dass Herr Schmidt sich freut und Herr Huber enttäuscht ist. Seine Enttäuschung wird aber im Laufe der Zeit weniger oder/und wechselt in eine Verärgerung über den Chef und dessen Entscheidung. Gleichzeitig wird der Konflikt mit Herrn Schmidt immer mehr abgeschwächt und zu guter Letzt auch gelöst, denn es handelt sich in dem hier genannten Beispiel um einen Verteilungskonflikt. Das bedeutet, der Gewinn des Herrn Schmidt ist zugleich der Verlust des Herrn Huber, der ja nicht die von ihm gewünschten A-Kunden zugeteilt bekommt. Da es aber nicht Herr Schmidt ist, der diese Entscheidung fällt, sondern der gemeinsame Chef von Herrn Schmidt und Herrn Huber, richtet sich die Verärgerung von Herrn Huber mehr in Richtung des gemeinsamen Chefs, und auch Herr Schmidt kann sich ein bisschen hinter diesem Fakt zurückziehen, z. B. mit den Worten: *»Nun, ich freue mich natürlich, dass ich die A-Kunden bekommen habe, aber die abschließende Entscheidung hat ja unser Hauptabteilungsleiter Schillinger gefällt.«*

Dies ist ein kleines Beispiel dafür, wie sich im Berufsleben Konflikte manchmal wie von selbst lösen. Eine zweite Variante der Lösung dieses Konflikts wäre natürlich gewesen, dass einer der beiden, in diesem Fall Herr Huber, sich aufgrund der Enttäuschung, die er erlebt hat, intern oder extern nach einem anderen Job umschaut. Auch dann würde der Konflikt abgeschwächt werden und letztendlich »gelöst«.

Gehen wir einmal in dem soeben aufgeführten Beispiel vom schlechten Fall aus, Hauptabteilungsleiter Schillinger würde sich nicht entscheiden, sondern die Entscheidung an die beiden Abteilungsleiter Schmidt und Huber delegieren.

Angenommen, Herr Huber hätte dieses Buch gelesen und sich durchgerungen, das Gespräch mit seinem Chef zu suchen.

Was ist zu tun? – Die Vorbereitung

Wichtig für Herrn Huber ist es, die Situation in der Präsentation nochmals anzuschauen. Stellen wir uns einfach vor, Herr Huber hätte die Fragen aus dem *Fragenkatalog* (vgl. Kapitel 5) für sich beantwortet und wäre zu folgenden Erkenntnissen gekommen:

Einschätzung von Herrn Huber zur aktuellen Situation des Konflikts: *»Der Konflikt ist für mich und meinen Kollegen Schmidt alleine nicht lösbar. Wir wollen beide verständlicherweise die A-Kunden betreuen. Anfangs konnten wir diese Situation auch von unserer täglichen Zusammenarbeit trennen, dies gelingt immer weniger. Auch unsere Mitarbeiter weisen uns mehr oder weniger deutlich immer häufiger darauf hin, dass es eine Klärung braucht. Die Einschätzung meines Chefs ist wohl die, dass alles gut läuft bisher. Er lehnt sich zurück und wartet, bis Schmidt und ich entschieden haben. Dieses Hinausschieben der Entscheidung ärgert mich immer mehr.«*

Einschätzung von Herrn Huber zur zukünftigen Situation: *»Ich möchte einfach nur Klarheit, natürlich wäre es mir lieber, wenn ich die A-Kunden zugesprochen bekäme. Aber inzwischen ist mir das auch so gut wie egal, es muss jetzt geklärt werden.«*

Das Gespräch

Eine kurze Frage kündigt das Gespräch an: *»Guten Tag, Herr Schillinger, ich hätte heute Nachmittag gerne ein wenig Zeit für ein Gespräch mit Ihnen. Es geht nochmals um das Thema Kundenzuordnung. Passt das heute in Ihren Zeitplan?«*

1. **Gesprächseinstieg**
    »Hallo, Herr Schillinger, danke, dass es so kurzfristig geklappt hat. Wie gesagt, es geht um die Kundenzuordnung zwischen Herrn Schmidt und mir.«

2. **Wahrnehmung**
    »Wir – Schmidt und ich – haben ja im Bereichsmeeting vor vier Wochen mit Ihnen darüber gesprochen und Sie gebeten, hier möglichst bald eine Entscheidung zu fällen. Letzten Freitag haben Sie Schmidt und mir gesagt, wir würden die Kunden besser kennen und seien schon lange im Geschäft, und deshalb sollen wir das selbst entscheiden.«

Kurz und bündig sollte es sein. Wichtig ist es, keine negativen Bewertungen in die Beschreibungen der Wahrnehmung einfließen zu lassen wie beispielsweise: »... *Sie gebeten, jetzt endlich mal eine Entscheidung zu fällen*«. Diese Trennung von Inhalts- und Beziehungsebene ist gerade bei Verteilungskonflikten nicht ganz leicht. Man ärgert sich über den Chef, weil man der Ansicht ist, er mache seinen Job nicht richtig.

Auch hier sollten Sie sofort zum nächsten Punkt kommen, damit der Chef nicht in eine zu lange Pause hinein spricht und jetzt schon seine Perspektive schildert.

Verteilungskonflikt: Anliegen platzieren

1. Gesprächseinstieg
2. Wahrnehmung ⎤
3. Brücke bauen ⎬ 1 Min.
4. Eigenes Gefühl ⎦
5. Sichtweise einholen
6. Konsens schaffen
7. (Wunsch äußern)
8. Zusammenfassung
9. Gesprächsausstieg

3. Brücke bauen

Es gibt mehrere Möglichkeiten, die Brücke zu formulieren:

▶ »*Ich vermute, dass Sie befürchten, derjenige mit den B-Kunden würde es Ihnen übel nehmen.*«
▶ »*Ich weiß nicht genau, Herr Schillinger, was die Hintergründe sind, aber die gibt es bestimmt.*«
▶ »*Es gibt bestimmt Gründe dafür, so vorzugehen.*«

4. Eigenes Gefühl äußern

Folgende Varianten sind in diesem Fall denkbar:

▶ »*Ich bin enttäuscht, vor allem weil wir Sie vor vier Wochen um eine Entscheidung gebeten haben.*«
▶ »*Es ärgert mich, weil ich mich auch ein Stück alleingelassen fühle.*«
▶ »*Ich bin verärgert, weil Schmidt und ich das nicht klären können und die Zusammenarbeit immer schwieriger wird.*«

Dies ist eine Gratwanderung, weil man nie weiß, wie der Chef reagieren wird. In den meisten Fällen hilft es sehr, das Gefühl in die Vergangenheit zu verlagern. Das bedeutet, man spricht über die Situation, wie sie in der Vergangenheit war, also aus einer eher distanzierten Position.

Beispiele hierfür sind die zuvor gewählten Sätze, die hier einfach in die Vergangenheitsform gesetzt wurden und dadurch deutlich weniger Druck auf den Gesprächspartner ausüben:

▶ *»Es hatte mich geärgert, weil ich mich auch ein Stück alleingelassen fühlte.«*

▶ *»Ich war enttäuscht, vor allem weil wir Sie vor vier Wochen um eine Entscheidung gebeten hatten.«*

▶ *»Ich war verärgert, weil Schmidt und ich das nicht klären können und die Zusammenarbeit immer schwieriger wird.«*

Oder anders:

▶ *»Manchmal bin ich ganz ruhig und mache einfach meinen Job. In anderen Momenten, vor allem wenn es mal wieder gehakt hat, bin ich stinksauer. Im Moment geht es gerade, und um die Situation mit Ihnen zu klären, bin ich hier.«*

Durch die Verlagerung des Gefühls in die Vergangenheit schlägt man zwei Fliegen mit einer Klappe: Man zeigt, dass man seine Emotionen im Griff hat, ohne sie abzuwürgen. Gleichzeitig ist dies eine gute Möglichkeit, das eigene Gefühl in aller Deutlichkeit (»ich habe/hatte mich geärgert«) konkret zu benennen.

Wie in der Beschreibung der Technik *Anliegen platzieren* bereits dargestellt, hängt der Erfolg sehr davon ab, ob es Ihnen gelingt, diese vier Schritte in einem Zug durchzuführen.

5. Sichtweise einholen
»Was ist Ihre Sicht der Dinge, was meinen Sie dazu, Herr Schillinger?«

6. Konsens über das Geschehene schaffen

Hier werden die Argumente ausgetauscht. Herr Huber hat auch die Möglichkeit, zusätzliche Einschätzungen einzubringen, die er zuvor – aus Gründen der knappen Zeit – weggelassen hatte:

▶ *»Meine Sorge gilt der Zusammenarbeit der beiden Abteilungen. Das hat über Monate hervorragend funktioniert, seit einigen Wochen wird das aber immer schwieriger.«*

▶ *»Wenn wir das nicht bald vom Tisch haben, wenn Sie das nicht möglichst rasch entscheiden, zerschlägt die Diskussion vielleicht mehr Porzellan als notwendig.«*

▶ *»Natürlich hätte ich gerne die A-Kunden, aber das ist letztlich Ihre Entscheidung. Und diese brauchen wir möglichst bald.«*

▶ *Usw.*

Das Ziel ist es, in die Zukunft zu schauen und eine Lösung zu finden, welche die früheren Probleme überwindet.

7. Wunsch (keine Erwartung!) für die Zukunft äußern

Im Sonderfall Verteilungskonflikt ist eine der Ursachen für den Konflikt die ausbleibende Entscheidung der höheren Instanz. Der Wunsch steht somit ohnehin im Zentrum des Gesprächs. Insofern braucht es im Normalfall keine explizite Wiederholung.

8. Zusammenfassung des Gesprächs (keine Vereinbarung!)

Auch wenn Sie Ihrem Chef keine Vereinbarung aufzwingen können, macht es trotzdem Sinn, seine wesentlichen Aussagen bezüglich der zu fällenden Entscheidung zusammenzufassen.

9. Gesprächsausstieg

»Vielen Dank, dass Sie sich die Zeit genommen haben.«

7

Werkzeuge bei Konflikten – »nur« indirekt betroffen

Schlichtungsgespräch mit Mitarbeitern

In dieser Situation stehen uns zwei unterschiedliche Werkzeuge zur Verfügung. Die Namen der Werkzeuge machen den Unterschied deutlich: Sie können entweder das *Schlichtungsgespräch intensiv* oder das *Schlichtungsgespräch light* einsetzen.

Ob Sie das intensive Gespräch wählen oder nicht, hängt von den Gegebenheiten ab. In der *intensiven* Variante geht es deutlich mehr zur Sache, will heißen: Es wird Tacheles geredet. Deshalb müssen Sie im Gespräch sehr eng führen. Hierfür braucht es ein Vertrauensverhältnis zwischen Ihnen und den Konfliktparteien. Gerade Letzteres ist die Voraussetzung für die Bereitschaft der Beteiligten, ein begonnenes *Schlichtungsgespräch intensiv* auch konsequent zu Ende zu führen.

Wir fokussieren uns im Folgenden auf die Technik *Schlichtungsgespräch intensiv.*

Schlichtungsgespräch intensiv – Das Werkzeug

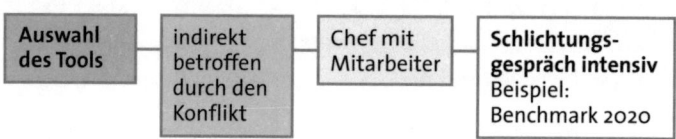

Auswahl des Tools	indirekt betroffen durch den Konflikt	Chef mit Mitarbeiter	Schlichtungs- gespräch intensiv Beispiel: Benchmark 2020

Häufig ist die Situation folgende: Sie bemerken knisternde Spannung oder emotional geführte Diskussionen in Ihrem Team. Sie schauen sich das bunte Treiben einige Zeit von außen an und machen sich einen eigenen Eindruck über die Hintergründe des sich anbahnenden Konflikts. (Zur Frage: Wie erkenne ich einen Konflikt? vgl. Kap. 1, S. 13 ff.). Wenn Sie sich nun entschlossen haben, diesen Konflikt zu klären und in der Sache zu vermitteln, besteht die erste Hürde in der Auftragsklärung. Manchmal ist es so, dass einer der Beteiligten auf Sie zukommt und sich mehr oder weniger deutlich über seinen Kollegen beschwert. Manchmal allerdings kommt keiner der Beteiligten auf Sie zu, und selbst auf Nachfrage wird die Existenz eines Konflikts verneint (zu den Hintergründen vgl. Kap 1, S. 14 ff.). Dann braucht es Ihrerseits eine Kombination aus Fingerspitzengefühl und Konsequenz. Meistens genügt es, wenn Sie einen der beiden Konfliktpartner dazu bringen, den Konflikt einzuräumen. Nehmen Sie sich deshalb denjenigen zuerst vor, der mehr »kocht«.

Auftragsklärung

Im ersten Gespräch mit einem der beiden Konfliktbeteiligten geht es darum, die wesentlichen Informationen zu bekommen, ohne sich zu sehr in den Konflikt hineinziehen zu lassen. Falls Sie sich beim ersten Gespräch alles haarklein erzählen lassen, besteht die Gefahr, dass Sie sich auf eine Seite ziehen lassen oder dass beim eigentlichen Konfliktlösungsgespräch Ihr Mitarbeiter nicht mehr emotional beteiligt ist (er hat ja bei Ihnen schon alles abgelassen).

An folgenden Fragen können Sie sich in diesem Vier-Augen-Gespräch orientieren:

Fragen zur Entstehung des Konflikts

▶ Wie ist der Konflikt entstanden?
▶ Wie sieht das wohl der Konfliktpartner?
▶ Wie würde ein neutraler Beobachter die Entstehung beschreiben?
▶ Ist der Konfliktpartner frustriert, enttäuscht, verärgert oder – wenn es keines davon ist – was ist es dann?

Fragen zur aktuellen Situation des Konflikts

▶ Was ist der inhaltliche Knackpunkt des Konflikts?
▶ Was ist der persönliche Knackpunkt des Konflikts?

Fragen zur zukünftigen Situation

▶ Was hätte er gerne anders?

Anschließend führen Sie ein solches Vier-Augen-Gespräch auch mit dem zweiten Konfliktbeteiligten, der anderen Partei. Manchmal gelingt es sogar, Ihren ersten Gesprächspartner davon zu überzeugen, seinen Konfliktpartner selbst anzusprechen. Es wäre ein wichtiger Schritt auf dem Weg zur Lösung, wenn einer der Konfliktbeteiligten allen Mut zusammennimmt und den Konfliktpartner anspricht. Zusätzlich bestätigt dieser Schritt nochmals den »Auftrag« zur Klärung. Falls es nicht gelingt, dann sprechen Sie ihn an.

Nicht die beiden Einzelgespräche so ausufern lassen, dass sie den Konflikt vorher schon getrennt behandeln. Sondern sich kurz informieren, dann (später) in das Schlichtungsgespräch gehen. Dies ist übrigens einfacher gesagt als getan. Die Mitarbeiter, froh darüber, dass sie es endlich loswerden können, nutzen diese Gelegenheit sehr gerne.

Einladung zum Schlichtungsgespräch

Damit das Schlichtungsgespräch auch ungestört durchgeführt werden kann, braucht es eine klare Terminvereinbarung, am besten am Ende eines Arbeitstages mit »open end«.

Das Gespräch

1. **Start des Schlichtungsgesprächs**
    Zuerst Rollenklärung und Festlegung des Rahmens (z. B. Zeit), danach kurze Zusammenfassung über das Zustandekommen des Treffens. Ihre *Rolle* und der *Rahmen* des Gesprächs kennzeichnen sich durch:

▶ Sie sind nicht überparteilich und distanziert, sondern allparteilich, also für jeden von beiden.

▶ Sie führen das Gespräch sehr eng. Die Grundformation entspricht einem gleichseitigen Dreieck, die beiden Konfliktpartner schauen Sie an.

▶ Im Unterschied zu normalen Kommunikationssituationen sprechen die beiden nicht direkt miteinander, sondern ausschließlich mit Ihnen. Hintergrund: Die Gefahr einer Eskalation ist somit deutlich geringer.

▶ Wenn Sie mit einem der beiden sprechen, dann drehen Sie sich auf dem Stuhl so, dass Sie diesem genau gegenübersitzen. Der andere Konfliktbeteiligte ist dann ein Stück außen vor und kann zuhören.

▶ Sie bestimmen, wer wann und wie lange spricht. Dies hat nichts mit autoritärem Verhalten zu tun, sondern senkt die Gefahr der Eskalation.

▶ Das Gespräch wird an diesem Termin bis zum Ende geführt, es kann nicht unterbrochen und an einem anderen Tag weitergeführt werden.

▶ Nachdem Ihre Rolle und die Regeln für das Schlichtungsgespräch geklärt sind, geht es los.

2. **Sichtweise verstehen**
Nun erläutert jeder Konfliktpartner seine Sichtweise im Zweiergespräch mit Ihnen, der andere Konfliktpartner hört dabei jeweils zu. Nach einer kurzen Weile ist der andere an der Reihe, seine Sichtweise zu erläutern. Dieses abwechselnde Sprechen mit Ihnen kennzeichnet den größten Teil des Schlichtungsgesprächs.

Ihr Fokus ist es, die jeweiligen Sichtweisen *verstehen* zu können. Es geht nicht darum, *einverstanden* zu sein. Wie geht das? Einfach dadurch, dass Sie durch die Art Ihres aktiven Zuhörens deutlich machen, dass es subjektive Sichtweisen sind (»*Als x passierte, haben Sie sich geärgert ...*« statt »*Ich kann nachvollziehen, dass Sie x geärgert hat ...*«).

Deshalb: Nicht zustimmen oder gar recht geben. Nachfragen, bis Sie es verstanden haben. Vorsicht bei persönlicher Neugier.

Durch diese Vorgehensweise machen Sie den Konfliktbeteiligten auch die Subjektivität der jeweiligen Sicht deutlich.

Nachdem beide Konfliktbeteiligten ihre Sichtweise erläutert haben, sollten Sie allmählich dazu übergehen, in Ihren Fragen die Inhaltsebene von der Beziehungsebene zu trennen. Beispielsweise mit der Frage: »*Und wie ging es Ihnen, als x passierte?*« (Mehr dazu siehe dazu Beispiel Benchmark 2020 im Anschluss.)

Die Phase *Sichtweise verstehen* kann 30 bis weit über 60 Minuten dauern.

3. Annäherungsphase

Wenn Sie den Eindruck haben, die Sichtweisen sind jetzt zur Genüge ausgetauscht und die Konfliktbeteiligten haben die wesentlichen, darunterliegenden Gefühle offengelegt, können Sie in die nächste Phase einsteigen. Mit den Fragen »*Was haben Sie Neues erfahren?*« und »*Was hat sich dadurch für Sie verändert?*«, an beide nacheinander gestellt, startet die Annäherungsphase.

Diese Gesprächsphase läuft so lange, bis alle wesentlichen Themen besprochen wurden. Es geht um die »subjektiven Wahrheiten«, nicht um eine vorschnelle Suche nach Lösungen. In den meisten Fällen entsteht eine spürbare Entspannung und Entkrampfung.

Falls sich die Konfliktpartner sehr zögerlich verhalten, benennen wir unverblümt die zentralen Themen aus den jeweiligen Konfliktpartnerperspektiven. Beispielsweise mit der Frage: »*Wie würde es Ihnen gehen, wenn Ihnen x passierte?*«

4. Lösungsphase

Wenn Sie die oben angesprochene Entspannung und Entkrampfung spüren, wechseln Sie in die Lösungsphase. Diese können Sie einleiten mit der Frage: »*Nachdem Sie nun die Sichtweise Ihres Kollegen besser verstehen und nachvollziehen können, stellt sich nun die Frage, was wollen Sie beide tun, dass x zukünftig nicht mehr passiert?*«

Wenn Sie den Eindruck haben, die Annäherung ist erfolgreich vollzogen, können Sie den ehemaligen Konfliktpartnern auch gestatten, wieder direkt miteinander zu sprechen. Dies ist auch begleitet von der Veränderung Ihrer Rolle: Haben Sie bisher im Gespräch alles vorgegeben, so ist jetzt der Zeitpunkt gekommen, an dem Sie sich zurückhalten sollten. Die Konfliktpartner müssen ab jetzt selbst entscheiden, ob sie das Pflänzchen, das entstanden ist, bei der nächsten Gelegenheit zertrampeln oder pflegen wollen. Deshalb: keine Lösungen vorgeben.

Nota bene: Um in einer solchen Sache als Schlichter, als Vermittler, erfolgreich sein zu können, braucht es auf jeden Fall Allparteilichkeit, sonst funktioniert die Schlichtung nicht.

Fettnapf!
Für ein *Schlichtungsgespräch intensiv* gibt es nur einen Durchgang. Eine zweite Runde machen die Beteiligten meistens nicht mit.

Denn es ist so, dass Ihre beiden Mitarbeiter, die einen Konflikt haben, inhaltliche Differenzen – gewürzt mit einer starken Prise Emotion – austragen. Zu den inhaltlichen Differenzen haben Sie als Chef natürlich auch eine Position. Aber je eindeutiger Sie eine der beiden Positionen vertreten, desto schwieriger ist es mit der Allparteilichkeit. Sollte dies der Fall sein, dann übergeben Sie die Rolle des Schlichters lieber an einen anderen.

Falls es nicht zu einer Klärung und Veränderung führt, obwohl das Schlichtungsgespräch eigentlich funktioniert hat, dann kein zweites Gespräch führen. Da es Ihre Mitarbeiter sind, können und sollten Sie als Chef handeln und andere Lösungen finden, bevor das Team insgesamt und/oder die Resultate leiden.

Beispiel: Benchmark 2020

Was ist passiert?

Angenommen, Abteilungsleiter Fink leitet die Abteilung Arbeitsvorbereitung und Entwicklung eines mittelständischen Unternehmens. Er führt 15 Mitarbeiter, einer davon heißt Gerhardt Körner, ein anderer Stefan Schwab. Herr Körner ist bereits seit acht Jahren im Unternehmen und in dieser Abteilung. Herr Schwab ist seit zwei Jahren im Unternehmen und wechselte vor drei Monaten in die Abteilung von Herrn Fink. Letzterem ist seit einigen Wochen aufgefallen, dass zwischen Herrn Körner und Herrn Schwab Spannungen entstanden sind. Er hat diese Spannungen zum ersten Mal bei einem gemeinsamen Meeting mitbekommen, sich aber nichts Weiteres dabei gedacht. Einige Tage später allerdings spricht ihn der Leiter Produktion auf die Situation an und fragt, ob zwischen den beiden alles in Ordnung sei. Er habe beobachtet, dass sich die beiden einige Male in die Quere kamen, und Herr Körner habe sich auch einmal eher abfällig über Herrn Schwab geäußert. Herr Fink wird hellhörig und beobachtet seither die beiden genauer. Aufgrund seiner eigenen Wahrnehmungen entschließt sich Herr Fink einzugreifen. Es ist Herrn Fink wichtig, dass die beiden besser harmonieren, denn es steht ein Projekt gemeinsam mit der Produktion an, das für das Unternehmen von großer Wichtigkeit ist. In diesem Projekt, genannt *Benchmark 2020*, hat Herr Fink beide eingeplant.

In einem günstigen Moment nimmt er Herrn Körner zur Seite und spricht ihn an: »*Hallo, Herr Körner, ich wollte Sie mal auf die Zusammenarbeit mit Herrn Schwab ansprechen. Wie läuft es denn mit Ihnen beiden?*« Herr Körner druckst ein wenig herum und meint, es sei alles so weit in Ordnung. Herr Fink lässt aber nicht locker und schildert seinem Mitarbeiter einige seiner eigenen Wahrnehmungen, woraufhin dieser einräumt, dass die Zusammenarbeit mit Herrn Schwab schwierig sei und es wohl so etwas Ähnliches wie einen Konflikt gäbe.

Einen Tag später schnappt Herr Fink sich Herrn Schwab. Auch Herr Schwab tut sich schwer, einen Konflikt mit Herrn Körner einzuräumen, kann aber den Wahrnehmungen von Herrn Fink ebenfalls nicht widersprechen. Der Abteilungsleiter Herr Fink vereinbart daraufhin mit beiden Mitarbeitern jeweils ein Vier-Augen-Gespräch.

Was ist zu tun? – Die Vorbereitung

Das Vier-Augen-Gespräch beginnt Herr Fink in beiden Fällen mit folgenden Worten: »*Ich hätte gerne, dass Sie mir kurz schildern, wie Sie den Konflikt sehen, weshalb es Ihrer Meinung nach dazu kam und wie die aktuelle Situation ist. Bitte nur ganz kurz, bleiben Sie an der Oberfläche.*«

Nach der Schilderung des Befragten stellt Herr Fink zusätzlich einige Fragen aus dem Fragenkatalog an den Konfliktbeteiligten, um die Informationen für sich zu vervollständigen.

Zum Abschluss des Vier-Augen-Gesprächs vereinbart er einen Termin für ein Schlichtungsgespräch zu dritt.

Das Gespräch

1. Start des Schlichtungsgesprächs

Herr Fink startet mit der Erklärung des Rahmens und seiner eigenen Rolle:

»Hallo Herr Körner, hallo Herr Schwab, prima, dass Sie es beide geschafft haben, pünktlich zu kommen. Ich möchte gerne mit einer Klärung des Rahmens und meiner eigenen Rolle starten. Wir haben ja ›open end‹ vereinbart, das heißt, es geht so lange, wie es geht. Folgendes zum Ablauf: Ich werde jeweils mit einem von Ihnen ein Zweiergespräch führen, der andere kann jeweils zuhören. Es ist also kein Dreiergespräch oder ein Gespräch zwischen Ihnen beiden, sondern jeder von Ihnen erläutert mir seine Sicht der Dinge. Ich werde so lange nachfragen, bis ich Sie genau verstanden habe. An denjenigen, der gerade nicht an der Reihe ist, habe ich die Bitte zu warten, bis er dran ist, und nicht dazwischenzusprechen. Ich werde häufig von einem zum anderen wechseln, sodass Sie nicht zu lange warten müssen. Einverstanden?«

Schlichtungs-gespräch

Auftragsklärung mit beiden Parteien

1. Start: Rahmen + Rolle klären
2. Sichtweisen verstehen
3. Annäherungsphase
4. Lösungsphase

2. Sichtweisen verstehen

Herr Fink achtet darauf, durch seine Art des aktiven Zuhörens deutlich zu machen, dass es subjektive Sichtweisen sind (*»Als Herr Schwab Sie mehrfach nicht zu Wort kommen ließ, haben Sie sich geärgert ...«* statt *»Ich kann nachvollziehen, dass Sie sich über Herrn Schwabs Verhalten geärgert haben ...«*).

In dieser Phase äußert Herr Körner folgende Sichtweise:

»In den Vorbereitungen zu Projekt Benchmark 2020 spielt Herr Schwab sich häufig in den Vordergrund und tut so, als sei er der künftige Projektleiter.

Er ist erst seit Kurzem in der Abteilung, tut aber so, als wisse er bereits alles.

Beispielsweise hat er mich nicht einmal um meine Meinung gefragt, obwohl ich den Bereich, den er verantwortet, seit vielen Jahren sehr gut kenne.

In gemeinsamen Meetings unterbricht er mich oft und geht in eine Gegenposition.

Wenn ich zu einer Besprechung einlade, kommt Herr Schwab oft zu spät.«

Herr Schwab äußert folgende Sichtweise:

»Wenn es um die Vorbereitungen des Projekts Benchmark 2020 geht, werde ich von Herrn Körner häufig gar nicht oder zu spät zum Meeting eingeladen. Er weiß alles besser.

Wenn ich ihn um Rat frage, ist er kurz angebunden. In gemeinsamen Meetings lässt er mich nicht zu Wort kommen und vor allem lässt er meine Meinung nicht gelten.«

Jetzt geht Herr Fink allmählich dazu über, in seinen Fragen die Inhaltsebene von der Beziehungsebene zu trennen. Beispielsweise mit der Frage: *»Und wie ging es Ihnen, Herr Schwab, als Herr Körner Ihnen auf Ihre Frage keine Antwort gab? Hat Sie das geärgert, frustriert, enttäuscht?«,* und zu Herrn Körner: *»Und wie ging es Ihnen, Herr Körner, als Herr Schwab mehrfach zu spät zum Meeting kam? Waren Sie verärgert, frustriert, enttäuscht?«*

Die beiden Konfliktbeteiligten nennen, zuerst zögerlich, dann aber immer offener die Gefühle und die jeweiligen Bedürfnisse. Zusammengefasst und etwas vereinfacht dargestellt, geht es im Konflikt zwischen beiden um Folgendes:

▶ Herr Schwab hat den Eindruck, einen Konkurrenten zu haben, der ihm seinen Platz streitig machen will (Themen Zugehörigkeit, Wertschätzung). Zusätzlich kommt es bei ihm so an, als würde seine Erfahrung nichts zählen (Thema Wertschätzung).

▶ Herr Körner hatte den Eindruck, noch keinen Platz im Team zu haben (Thema Zugehörigkeit) und als Anfänger in den Sachthemen behandelt zu werden (Thema Wertschätzung).

▶ Zusätzlich haben beide den Eindruck, dass sie bei der Auswahl des Projektleiters für das Projekt *Benchmark 2020* hinter dem jeweils anderen zurückstehen müssen.

3. **Annäherungsphase**
Mit den Fragen *»Was haben Sie Neues erfahren?«* und *»Was hat sich dadurch für Sie verändert?«* wechselt Herr Fink in die Annäherungsphase.

Hier zeigt sich die zunehmende Entspannung und Entkrampfung in Aussagen wie: *»Ja, ich kann Herrn Schwab schon verstehen, wenn er sich über mein Verhalten in den Sitzungen aufgeregt hat.«* Oder auch: *»Stimmt, ich war manchmal schon etwas kurz angebunden, wenn Herr Körner auf mich zukam.«*

4. **Lösungsphase**
Herr Fink zieht folgende Schlüsse aus dem bisherigen Verlauf des Schlichtungsgesprächs:

▶ Inhalt- und Beziehungsebene konnten getrennt werden.

▶ Das gegenseitige Verständnis ist gewachsen.

▶ Eine Annäherung hat stattgefunden.

▶ Was fehlt, ist die Klärung des Themas Projektleitung.

Nota bene: Dies ist der klassische Fall eines Verteilungskonflikts (vgl. Kap. 4, S. 77 ff.). Es gibt nur einmal die Position des Projektleiters. Der Verteilungskonflikt um diese Position wirkte wie ein Brandbeschleuniger für die anderen Konfliktbereiche zwischen Herrn Schwab und Herrn Körner.

Herr Fink hat allerdings seine Hausaufgaben gemacht und kündigt an, dies binnen einer Woche gemeinsam mit dem Leiter Produktion zu entscheiden. Er ergänzt, dass der Leiter Produktion ohnehin lieber einen Projektleiter aus seiner eigenen Mannschaft benennen würde. Dies würde bedeuten, dass sowohl Herr Schwab als auch Herr Körner als Mitarbeiter in diesem Projekt arbeiten.

Im Gespräch leitet Herr Fink dann über zur Lösungsphase mit der Frage: »*Nachdem Sie nun die Sichtweise Ihres Kollegen besser verstehen und nachvollziehen können, stellt sich die Frage, was wollen Sie beide tun, dass all dies zukünftig nicht mehr passiert und die Zusammenarbeit wieder besser läuft?*«

Herr Schwab und Herr Körner machen diesbezüglich Vorschläge und einigen sich auf ganz pragmatische Dinge.

In seinem Schlusswort zum Schlichtungsgespräch dankt Herr Fink den beiden für die Bereitschaft mitzumachen und wechselt wieder aus der Rolle Schlichter in die Rolle Führungskraft. »*Wenn ich den Hut des Chefs wieder aufsetze, muss ich sagen, dass ich einerseits froh bin, dass Sie den Konflikt aus der Welt geschafft haben, und andererseits auch genau darauf schauen werde, ob Sie das auch beibehalten in der Zukunft. Ich kann mir einen solchen Konflikt in meinem Team nicht leisten.*«

Schlichtungsgespräch mit Kollegen

Auch in dieser Situation stehen uns grundsätzlich zwei unterschiedliche Werkzeuge zur Verfügung. Es sind dieselben wie im vorangegangenen Kapitel *Schlichtungsgespräch light* oder *Schlichtungsgespräch intensiv*.

Die Entscheidung hängt ebenfalls von den Gegebenheiten ab. In der *intensiven* Variante geht es deutlich mehr zur Sache, es wird Tacheles geredet.

Neben dem Vertrauensverhältnis zwischen Ihnen und den Konfliktparteien braucht es die Bereitschaft, sich im Gespräch durch Sie sehr eng führen zu lassen. Dies ist in letzter Konsequenz – meiner Erfahrung nach – mit Kollegen meistens nicht gegeben. Wenn es dann im Gespräch intensiver wird, entziehen die Kollegen Ihnen einfach den Auftrag und verlassen den gesetzten Gesprächsrahmen.

Deshalb gilt die Empfehlung für das Schlichtungsgespräch, das Sie mit Kollegen führen, im Zweifel auf das Werkzeug *Schlichtungsgespräch light* zurückzugreifen. Wir werden das im folgenden Kapitel ebenfalls tun.

Schlichtungsgespräch light – Das Werkzeug

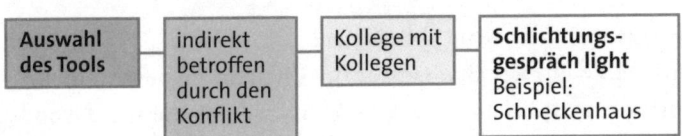

Auswahl des Tools	indirekt betroffen durch den Konflikt	Kollege mit Kollegen	Schlichtungs- gespräch light Beispiel: Schneckenhaus

Häufig ist die Situation folgende: Ein Kollege kommt auf Sie zu und fragt Sie direkt oder durch die Blume, ob Sie ihn unterstützen könnten beim Schlichten, beim Vermitteln in einem Konflikt, den er mit anderen Kollegen hat.

Auftragsklärung

Bevor Sie mit der detaillierten Aufklärung beginnen, braucht es auch von der anderen Konfliktpartei das Einverständnis zum Schlichtungsgespräch. Im Unterschied zu einer Konfliktklärung mit Ihren Mitarbeitern müssen die Kollegen ja nicht kommen, es gibt keine Weisungsbefugnis. Am besten wäre es, den Kollegen, der als Erstes auf Sie zukam, davon zu überzeugen, seinen Konfliktpartner selbst anzusprechen. Es wäre ein wichtiger Schritt auf dem Weg zur Lösung, würde Ihre Rolle klären und Ihre Aufgabe deutlich einfacher machen.

Tipp!
Wenn Sie Konflikte zwischen Kollegen schlichten wollen, ist *weniger meist mehr.*

In der Auftragsklärung geht es darum, die wesentlichen Informationen zu bekommen, ohne sich zu sehr in den Konflikt hineinziehen zu lassen. Falls Sie sich beim ersten Gespräch alles haarklein erzählen lassen, besteht die Gefahr, dass Sie sich auf eine Seite ziehen lassen oder dass beim eigentlichen Konfliktlösungsgespräch Ihr Kollege nicht mehr emotional beteiligt ist (er hat ja bei Ihnen schon alles abgelassen).

An folgenden Fragen können Sie sich in diesem Vier-Augen-Gespräch orientieren:

Fragen zur Entstehung des Konflikts

▶ Wie ist der Konflikt entstanden?
▶ Wie sieht das wohl der Konfliktpartner?
▶ Wie würde ein neutraler Beobachter die Entstehung beschreiben?
▶ Ist er frustriert, enttäuscht, verärgert oder – wenn es keines davon ist – was ist es dann?

Fragen zur aktuellen Situation des Konflikts

▶ Was ist der inhaltliche Knackpunkt des Konflikts?
▶ Was ist der persönliche Knackpunkt des Konflikts?

Fragen zur zukünftigen Situation

▶ Was hätte er gerne anders?

Anschließend führen Sie ein solches kurzes (!) Vier-Augen-Gespräch auch mit dem zweiten Konfliktbeteiligten, also der anderen Partei.

Einladung zum Schlichtungsgespräch

Damit das Schlichtungsgespräch auch ungestört durchgeführt werden kann, braucht es eine klare Terminvereinbarung, am besten am Ende eines Arbeitstages mit »open end«.

Das Gespräch

1. Start des Schlichtungsgesprächs

Zuerst Rollenklärung und Festlegung des Rahmens (z. B. Zeit), danach kurze Zusammenfassung über das Zustandekommen des Treffens.

Ihre *Rolle* und der *Rahmen* des Gesprächs kennzeichnen sich durch:

▶ Sie sind neutral und sorgen für einen reibungslosen Ablauf.

▶ Sie moderieren das Gespräch. Das bedeutet auch, dass Sie entscheiden, wer als Nächstes dran ist.

▶ Es ist empfehlenswert, dass die beiden nicht direkt miteinander sprechen, sondern auf Ihre Fragen antworten und Ihnen ihre Sichtweise erläutern.

▶ Am besten sitzen Sie so, dass die Konfliktbeteiligten Sie anschauen. Die beiden sollten sich auf keinen Fall gegenübersitzen. Das würde die Gefahr einer Eskalation erhöhen.

▶ Das Gespräch sollte an diesem Termin zu Ende geführt werden. Eine Unterbrechung schmälert wesentlich die Aussicht auf Erfolg.

▶ Nachdem Ihre Rolle und die Regeln für das Schlichtungsgespräch geklärt sind, geht es los.

2. Sichtweisen verstehen

Diese Phase des Gesprächs läuft je nach Situation sehr unterschiedlich ab. Da Sie Ihren Kollegen gegenüber nicht weisungsbefugt sind, haben Sie natürlich deutlich weniger Einfluss auf den Ablauf des Gesprächs als beim Schlichtungsgespräch mit Mitarbeitern. Die Grundprinzipien sind allerdings dieselben. Bevor Sie also mit einem Schlichtungsgespräch mit Kollegen starten, ist es sinnvoll, die Technik *Schlichtungsgespräch intensiv* (vgl. S. 132 ff.) nochmals durchzuarbeiten. Mit diesem Wissen können Sie dann je nach Situation entscheiden, inwieweit Sie die relevanten Vorgehensweisen anwenden können. Machen Sie lieber etwas weniger, anstatt die bereits gestressten Kollegen noch mehr unter Druck zu setzen.

Die wichtigsten Vorgehensweisen sind:

- Trennen Sie inhaltliche Punkte von den Gefühlen und Emotionen.
- Machen Sie deutlich, dass es unterschiedliche subjektive Sichtweisen gibt.
- Behandeln Sie die beiden Konfliktpartner gleichwertig (u. a. Redezeit).

Die ergänzenden Vorgehensweisen sind:

- Falls die Kollegen zu sehr über Inhalte diskutieren, fragen Sie nach den zu Grunde liegenden Gefühlen.
- Achten Sie darauf, nicht als Besserwisser aufzutreten, halten Sie sich inhaltlich zurück.
- Zeigen Sie, dass Sie verstehen, ohne unbedingt einverstanden zu sein.
- Sie sollten weder zustimmen noch recht geben.

3. Annäherungsphase
Wenn Sie den Eindruck haben, die Sichtweisen sind jetzt zur Genüge ausgetauscht und die Konfliktbeteiligten haben die wesentlichen, darunterliegenden Gefühle offengelegt, können Sie in die nächste Phase einsteigen. Mit den Fragen *»Was haben Sie Neues erfahren?«* und *»Was hat sich dadurch für Sie verändert?«* startet die Annäherungsphase.

Diese Gesprächsphase läuft so lange, bis alle wesentlichen Themen besprochen wurden. In den meisten Fällen entsteht eine spürbare Entspannung.

Wichtig ist:

Falls die Konfliktpartner nicht sofort auf diese Fragen anspringen, wiederholen Sie die Fragen einfach nochmals. Achten Sie darauf, dass Sie keinen Druck oder Zwang ausüben.

Würdigen Sie die einzelnen Aussagen, ohne dabei zu übertreiben.

4. Lösungsphase

Wenn Sie die oben angesprochene Entspannung spüren, wechseln Sie in die Lösungsphase. Diese können Sie einleiten mit der Frage: »*Nachdem Sie nun die Sichtweise Ihres Kollegen besser verstehen und nachvollziehen können, stellt sich nun die Frage, was wollen Sie beide tun, dass x zukünftig nicht mehr passiert?*«

Bitte keine Lösungen vorgeben, Ihre Rolle verändert sich jetzt mehr und mehr. Sie wechselt von einem aktiven und steuernden Moderator hin zu einem begleitenden, zurückhaltenden Kollegen.

Im Unterschied zum *Schlichtungsgespräch intensiv* können Sie beim *Schlichtungsgespräch light* weitaus weniger vorgeben. Es braucht Fingerspitzengefühl, um möglichst viele der oben genannten Vorgehensweisen einzusetzen, ohne diese durchzudrücken. Deshalb gilt das Motto: Weniger ist mehr.

Trotz dieser eingeschränkten Steuerungsmöglichkeit sind Sie als aktiver Moderator aber eine wesentliche Größe: Die Präsenz eines Kollegen, der das Gespräch behutsam und professionell lenkt, erhöht die Erfolgswahrscheinlichkeit enorm. Die beiden Konfliktpartner haben Sie ja eingeladen, weil sie befürchten, es könne ohne Sie scheitern.

Beispiel: Schneckenhaus

Was ist passiert?

Herr Binder wird beim Mittagessen von einem früheren Kollegen, Herrn Bohn, angesprochen mit der Frage, ob er einige Minuten Zeit hätte. Bei einer Tasse Kaffee erzählt Herr Bohn, dass er in einer schwierigen Situation stecke. Er habe einen Konflikt mit einem langjährigen Kollegen, Herrn Lang, und er wisse nicht mehr weiter. Mit seinem Chef möchte er es nicht besprechen, weil er befürchtet, es könne größere Kreise ziehen. Herr Binder kennt sowohl Herrn Bohn als auch Herrn Lang, da er früher mit beiden in derselben Abteilung gearbeitet hat. Vor einem Jahr verließ er die Abteilung und wechselte in die Holding des Unternehmens. Herr Binder vereinbart mit Herrn Bohn ein Gespräch einige Tage später.

In diesem Gespräch erfährt er, dass Herr Bohn den Eindruck hat, sein Kollege, Herr Lang, meide ihn und weiche ihm aus. Er könne sich nicht erklären, aus welchem Grund, und dieser Rückzug seines Kollegen belaste ihn sehr. Die Bitte an Herrn Binder ist nun, ob er bei einem Gespräch der beiden dabei sein könne. Herr Binder stimmt zu, bittet allerdings Herrn Bohn darum, seinen vermeintlichen Konfliktpartner zuerst einmal selbst darauf anzusprechen. Wenn möglich, soll er ihn dabei auch darüber informieren, dass er gerne ein Gespräch gemeinsam mit einer dritten Person, Herrn Binder, führen möchte.

Es vergehen einige Tage, bis Herr Binder eine Mail erhält mit dem Inhalt, das Gespräch habe stattgefunden und Herr Lang sei einverstanden. Herr Binder vereinbart daraufhin mit Herrn Lang und Herrn Bohn jeweils ein Vier-Augen-Gespräch.

Was ist zu tun? – Die Vorbereitung

Das Vier-Augen-Gespräch mit Herrn Lang beginnt Herr Binder mit einer Schilderung der Vorgeschichte: »*Vor zwei Wochen hat mich Ihr Kollege, Herr Bohn, angesprochen und mir erzählt, es gäbe zwischen Ihnen beiden ein paar Schwierigkeiten. Er hätte gerne, dass ich bei einem Gespräch als Moderator dazukomme. Ich habe ihm geantwortet, dass ich das gerne tun kann, allerdings nur, wenn Sie auch einverstanden sind.*«

Nachdem Herr Lang sein Einverständnis nochmals bestätigt hat, erläutert Herr Binder den Zweck des Vier-Augen-Gesprächs und startet dann mit der Einstiegsfrage: »*Ich hätte gerne, dass Sie mir kurz schildern, wie Sie die Situation sehen, weshalb es Ihrer Meinung nach zu Schwierigkeiten kam und wie der aktuelle Stand ist. Bitte nur ganz kurz, damit ich mir ein erstes Bild machen kann.*« Ein ähnliches Gespräch mit Herrn Bohn folgt kurz darauf.

Das Gespräch

1. **Start des Schlichtungsgesprächs**
   Herr Binder startet mit der Erklärung des
   Rahmens und seiner eigenen Rolle:
   »Hallo Herr Bohn, Hallo Herr Lang,
   schön, dass es geklappt hat. Wenn Sie ein-
   verstanden sind, möchte ich gerne mit einer
   Klärung des Rahmens und meiner eigenen
   Rolle starten. Wir haben vereinbart, dass
   wir uns keinen zeitlichen Rahmen setzen
   wollen, aber ich denke mal, dass ca. ein-
   einhalb Stunden reichen werden. Ich werde
   das Gespräch moderieren, das heißt auf
   die Zeit achten, schauen, dass jeder dran-
   kommt und dass wir darauf achten, auch
   die wesentlichen Dinge zu besprechen.

Schlichtungs-
gespräch

Auftragsklärung mit
beiden Parteien

1. Start: Rahmen +
   Rolle klären
2. Sichtweisen
   verstehen
3. Annäherungsphase
4. Lösungsphase

   Folgender Vorschlag zum Vorgehen:
   Ich werde jeweils mit einem von Ihnen ein Zweiergespräch führen.
   Der andere kann zuhören und sich überlegen, was er dazu zu sagen
   hat. An denjenigen, der gerade nicht an der Reihe ist, habe ich die
   Bitte zu warten, bis er dran ist, und nicht dazwischenzusprechen. Ich
   werde häufig von einem zum anderen wechseln, so dass Sie nicht zu
   lange warten müssen.
   Es ist also kein Dreiergespräch oder ein Gespräch zwischen Ihnen
   beiden, sondern jeder von Ihnen erläutert mir seine Sicht der Dinge.
   Der Trick dabei ist, dass ich so lange nachfragen werde, bis ich es
   genau verstanden habe, denn wenn ich es verstanden habe, dann hat
   es jeder hier im Raum verstanden. Einverstanden?«

2. **Sichtweisen verstehen**
   Herr Binder achtet darauf, durch seine Art des aktiven Zuhörens
   deutlich zu machen, dass es subjektive Sichtweisen sind (*»Als x pas-*
   sierte, haben Sie sich geärgert ...« statt *»Ich kann nachvollziehen,*
   dass Sie x geärgert hat ...«).

Das Gespräch läuft ganz gut an. Nach einer Weile bemerkt Herr Binder, dass Herr Bohn ungeduldig wird und sich kaum zurückhalten kann. Er spricht beide darauf an und erläutert: *»Ich weiß, es ist schwierig, sich zurückzuhalten, gerade wenn man vielleicht eine andere Sicht auf die Dinge hat. Bisher hat es prima funktioniert, vielen Dank fürs Einhalten der Regeln. Ich werde jetzt häufiger wechseln, sodass Sie nicht so lange warten müssen.«*

Diese Bemerkung beruhigt die Gemüter, vor allem Herr Bohn wird merklich entspannter. Im weiteren Verlauf achtet Herr Binder vor allem auf die Trennung von Inhalts- und Beziehungsebene und auf die Subjektivität der Sichtweisen. Folgende Aussagen setzt Herr Binder beim aktiven Zuhören ein:

▶ *»Aus Ihrer Sicht, Herr Lang, ist es so, dass es Herr Bohn ist, der sich mehr und mehr zurückzieht und kaum noch auftaucht.«*

▶ *»Sie, Herr Bohn, ärgern sich also darüber, dass Herr Lang sich auf das neue Projekt stürzt und – Ihrer Meinung nach – die gemeinsame Zusammenarbeit vernachlässigt.«*

▶ *»Sie, Herr Lang, waren enttäuscht, als Ihr Kollege bei der Urlaubsplanung im Sommer nicht nachgegeben hat, obwohl – Ihrer Ansicht nach – Sie das anders vereinbart hatten.«*

▶ *»Sie, Herr Bohn, waren Ihrerseits enttäuscht darüber, dass Herr Lang zwei- bis dreimal die Einladung zum gemeinsamen Mittagessen in der Kantine abgelehnt hat.«*

▶ *»Sie, Herr Lang, sagten gerade, dass Sie die Einladung ablehnen mussten, weil Sie Geschäftsbesuch hatten. Ihr Eindruck damals war, dass Ihr Kollege Ihnen nicht glaubte, es sei aber so gewesen.«*

Im weiteren Verlauf des Gesprächs nannten die beiden immer offener die Gefühle und die jeweiligen Bedürfnisse.

3. Annäherungsphase

Mit den Fragen *»Was haben Sie Neues über Ihren Kollegen erfahren?«* und *»Was davon hat Sie überrascht?«*, *»Was hat sich dadurch für Sie verändert?«* wechselt Herr Binder in die Annäherungsphase.

Hier zeigt sich die zunehmende Entspannung in Aussagen wie: *»Ja, Herr Lang hat in einigen Punkten schon recht. Ich war ein Stück beleidigt, weil er meine Einladungen abgelehnt hatte und nur noch im Projekt steckte. Dann habe ich mich in mein Schneckenhaus zurückgezogen.«*

Oder auch: *»Stimmt schon, wenn ich mich mehr darum gekümmert hätte, hätte ich das eine oder andere Mal mit Herrn Bohn auch Mittagessen gehen können. Ich war einfach genervt, weil ich dachte, er neide mir das Projekt.«*

4. Lösungsphase

Herr Binder zieht folgende Schlüsse aus dem bisherigen Verlauf des Schlichtungsgesprächs:

▶ Inhalts- und Beziehungsebene konnten getrennt werden.
▶ Das gegenseitige Verständnis ist gewachsen.
▶ Eine Annäherung hat stattgefunden.

Herr Binder leitet dann über zur Lösungsphase mit der Frage: *»Nachdem Sie nun die Sichtweise Ihres Kollegen besser verstehen und nachvollziehen können, stellt sich nun die Frage, was wollen Sie beide tun, dass all dies zukünftig nicht mehr passiert und die Zusammenarbeit wieder besser läuft?«*

Herr Bohn und Herr Lang machen diesbezüglich Vorschläge und einigen sich auf ganz pragmatische Dinge.

In seinem Schlusswort zum Schlichtungsgespräch dankt Herr Binder den beiden für die Bereitschaft mitzumachen und wechselt wieder aus der Rolle des Moderators in die Rolle des Kollegen: *»Ich bin froh, dass es so gut geklappt hat. Vielen Dank, dass Sie mir das zugetraut haben. Ich schlage vor, dass wir uns jetzt erst mal einen Kaffee und ein Stück Kuchen gönnen.«* Mit einem Lächeln ergänzt er: *»Sie bezahlen.«*

8

Spezialwerkzeuge

Verdichten: Überbringen von schlechten Nachrichten

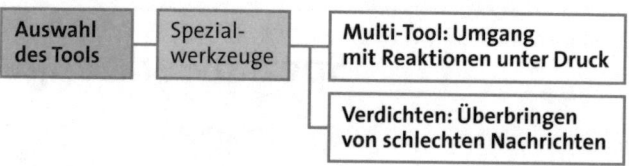

Auswahl des Tools	Spezial- werkzeuge	Multi-Tool: Umgang mit Reaktionen unter Druck
		Verdichten: Überbringen von schlechten Nachrichten

Manchmal geraten Führungskräfte in eine schwierige Situation, wenn sie Mitarbeitern eine unangenehme Nachricht übermitteln müssen: eine Versetzung, neue Arbeitsinhalte oder eine andere Veränderung im Arbeitsalltag; oder wenn sie eine Anfrage des Mitarbeiters – etwa um Gehaltserhöhung – mit Nein beantworten müssen.

Manchmal dauern diese Gespräche unsäglich lange, weil um den heißen Brei herumgeredet wird oder die Mitarbeiter immer wieder nachfragen, warum das denn so entschieden wurde und ob da denn nichts mehr drin sei. Oder aber die Gespräche sind nach einer Minute beendet, und sowohl der Mitarbeiter als auch die Führungskraft sind verwirrt oder gar verärgert.

Für all diejenigen, die die Mitarbeiter auch bei unangenehmen Nachrichten ausreichend informieren wollen, ohne dabei unzählige Wiederholungsschleifen drehen zu müssen, gibt es eine einfache und sehr effektive Technik: das Verdichten. Diese Technik ist mit einem Trichter vergleichbar, am engen Ende wird der eigene Redeanteil auf das Nötigste zurückgefahren.

Wie geht das im Detail?

1. Im ersten Schritt müssen die Hintergründe in aller Ausführlichkeit erläutert werden, bis der Mitarbeiter verstanden hat, wie die Entscheidung zustande kam. Das ist sein gutes Recht. Hierzu gehört auch, inhaltliche Fragen des Mitarbeiters zu beantworten und seine Beschwerden oder seinen Unmut auszuhalten.

Der eigene Anteil (der Führungskraft) an der Entscheidung muss verdeutlicht werden. Beispielsweise:

▶ *»Auch ich stehe hinter dieser Entscheidung.«*
▶ *» Wir haben das im Leiterkreis lange diskutiert und sind der Meinung, dies ist die richtige Entscheidung.«*
▶ *»Ich bin der Ansicht, dies ist die beste Entscheidung.«*

Wichtig ist es auch, das (echte!) eigene Verständnis für die Sichtweise und die Belange des Mitarbeiters und persönliches (echtes!) Bedauern zu äußern.

2. Nachdem alles erläutert wurde, werden im zweiten Schritt die Hintergründe nur noch mit Überschriften belegt. Beispielsweise:

▶ *»Aus Gründen der Umstrukturierung ...«*
▶ *»Aus Gründen der Ressourcenverteilung ...«*
▶ *»Aus Gründen der Marktöffnung ...«*
▶ *»Aus Gründen des Ausgleichs im Team ...«*

Neue Fragen des Mitarbeiters oder solche, die Sie noch nicht ausführlich beantwortet haben, müssen beantwortet werden.

3. Falls der Mitarbeiter nochmals nachhakt, noch mehr verdichten.

▶ *»Aus genannten Gründen ist so entschieden worden.«*
▶ *»So ist entschieden worden, die genauen Gründe habe ich ja soeben erläutert ...«*

Ein ergänzendes (echtes!) *»Tut mir leid«* hilft, das manchmal entstehende Schweigen zu überbrücken.

4. Falls notwendig, noch mehr verdichten. Beispielsweise: *»So wurde entschieden.«*

Nochmals zur Klarstellung: Diese Technik dient *nicht* dazu, Mitarbeiter hinauszukomplimentieren oder gar abzukanzeln. Im Gegenteil, mit *Verdichten* hat die Führungskraft die Möglichkeit, Mitarbeiter ernst zu nehmen: Sie kann ihnen die notwendige Information geben, diese ausführlich erläutern und hat ein Werkzeug, Gespräche nach einer angemessenen Zeit abzuschließen. Denn die Hoffnung, man könne unangenehme Nachrichten durch langes Ausharren so verkaufen, dass die Mitarbeiter diese gut finden, ist ohnehin meist vergebens.

 ## Multi-Tool: Umgang mit Reaktionen unter Druck

In diesem Kapitel möchte ich das Thema Werkzeuge abrunden und Ihnen ein *Multi-Tool* für typische Reaktionen unter Druck vorstellen.

Reaktionen unter Druck sind Verhaltensweisen, die uns in Konfliktsituationen immer wieder begegnen. Wie schon in Kapitel 3 dargestellt, habe ich diese abgeleitet von den sogenannten Satir-Kategorien. Diese wurden entwickelt von Virginia Satir[12], einer amerikanischen Spezialistin für familiensystemische Arbeit.

Vielleicht haben Sie einige der in diesem Buch vorgestellten Werkzeuge bereits angewendet, oder vielleicht verfügen Sie ohnehin über einige praktische Erfahrung im Bereich Konfliktlösung. Wenn dem so ist, dann kennen Sie wahrscheinlich Situationen, in denen Gesprächspartner ausbüchsen. Mit anderen Worten, man hat das Gespräch vorbereitet, es läuft auch gut an, aber die Gesprächspartner finden immer wieder einen Weg, um aus der Situation herauszukommen.

Solche Gespräche sind leicht daran zu erkennen, dass sie einen ganz anderen Verlauf nehmen, als man in der Vorbereitung geplant hat. Nach einem solchen Gespräch ist man unzufrieden, weiß aber nicht genau, weshalb, und im Nachgang sagt man sich Sätze wie: »Ich wollte doch eigentlich über etwas ganz anderes mit ihm sprechen«, oder auch »Eigentlich hätte er Farbe bekennen müssen, aber irgendwie kam er da raus«.

Welche Reaktionen gibt es? In aller Ausführlichkeit wurden die Reaktionen unter Druck bereits in Kapitel 3 an einem Beispiel erläutert.

Hier nochmals in aller Kürze. Vier Grundmuster sind bei Reaktionen unter Druck zu unterscheiden: *Ablenken, Beschwichtigen, Anklagen* und *Rationalisieren*.

1.   Grundmuster: Ablenken

Das Grundmuster besteht darin, zuerst den Fehler einzugestehen, um dann aber sofort auf ein anderes Thema überzuleiten. »*Profis*« gelingt es, dies so geschickt zu machen, dass es bis zum Ende des Gesprächs gar nicht auffällt.

2.   Grundmuster: Beschwichtigen

Der Gesprächspartner nimmt uns den Wind aus den Segeln oder versucht es zumindest. Er verniedlicht das Problem und spricht uns somit das Recht ab, uns bei ihm zu beschweren oder uns über ihn zu ärgern.

3.   Grundmuster: Anklagen

Die zentralen Elemente dieses Musters bestehen darin, uns die Schuld, die Verantwortung zuzuschieben. Es handelt sich hier nicht um ein Angreifen, sondern mehr um ein Anklagen.

4.   Grundmuster: Rationalisieren

Anstatt die eigene Verantwortung für die vereinbarte Vorgehensweise einzugestehen, winden sich Menschen mit diesem Grundmuster heraus. Sie rationalisieren oder einfacher formuliert: finden Ausreden. Wenn man nun versucht, die einzelnen tatsächlichen oder vorgegebenen Gründe zu widerlegen, kommt man vom Hölzchen aufs Stöckchen. Mit »*Profis*« aus dem Bereich Rationalisieren zu diskutieren ist sehr mühsam.

Zur Veranschaulichung ziehen wir nochmals das Beispiel aus Kapitel 3 heran. Dort sind wir ja von folgender Annahme ausgegangen (vgl. Beispiel 36):

Beispiel 36

Sie betreuen zusammen mit einem Kollegen ein regionales Kundensegment. Für eine Präsentation bei diesen Kunden haben Sie gemeinsam mit dem Kollegen Informationen zusammengestellt und eine Präsentation vorbereitet. Gehen wir weiterhin davon aus, Sie hätten mit dem Kollegen vereinbart, dass er Ihren gemeinsamen Chef von dieser Veranstaltung im Detail informiert und speziell auch darüber in Kenntnis setzt, dass dieser einen Part darin übernehmen soll. Wenige Tage vor der Veranstaltung erfahren Sie durch Zufall, dass Ihr Chef über die Veranstaltung zwar informiert ist, von seiner aktiven Rolle darin allerdings nichts weiß. Sie sind darüber verärgert und suchen das Gespräch mit Ihrem Kollegen. Dieser fühlt sich natürlich unter Druck und reagiert entsprechend.

Im Folgenden sind die typischen Reaktionen unter Druck nochmals am Beispiel dargestellt inklusive einer möglichen passenden Antwort aus dem Multi-Tool.

1. Grundmuster: Ablenken (vgl. Beispiel 36 a)

Beispiel 36 a

Angenommen, Ihr Kollege reagiert folgendermaßen: »Ja, stimmt, habe ich verschwitzt, aber gut, dass wir uns jetzt so kurz vor der Veranstaltung nochmals treffen, ich wollte ohnehin mit dir nochmals über den Part unseres Chefs sprechen. Mir ist nämlich aufgefallen, dass es im Fahrplan für die Veranstaltung noch einige Ungereimtheiten gibt, insbesondere was die Abfolge der Präsentationen angeht. Also ich schlage Folgendes vor ...«

Sie können nun folgendermaßen antworten: »Es ist eine gute Idee von dir, den Fahrplan für die Veranstaltung nochmals genauer anzuschauen, jetzt geht es mir allerdings um etwas anderes. Wir hatten vereinbart, dass du unseren Chef umfassend informierst, und anscheinend hast du es nicht getan. Darüber möchte ich jetzt mit dir sprechen.«

Die Essenz der Reaktion auf das Grundmuster *Ablenken* ist also, die Anregungen aufzunehmen, ohne dem Ablenken nachzugeben.

2. Grundmuster: Beschwichtigen (vgl. Beispiel 36 b)

Beispiel 36 b
Ihr Kollege könnte auch so reagieren:»Ist doch nicht so schlimm. Wir wollten ja ohnehin noch einmal über die Veranstaltung sprechen, und unser Chef schüttelt so etwas normalerweise aus dem Ärmel. Insofern finde ich es nicht so tragisch. Ich verstehe gar nicht, weshalb du dich so aufregst.«
Sie können nun folgendermaßen antworten:»Doch, das ist schlimm.«

Die Essenz der Reaktion auf das Grundmuster *Beschwichtigen* ist, zuerst einmal bei seiner eigenen Einschätzung der Situation zu bleiben, anstatt sofort nachzugeben oder gar ein schlechtes Gewissen zu haben. Die vorgeschlagene Antwort ist sehr kurz. Meine Erfahrung ist, dass gerade die Kürze der Antwort die Wirkung ausmacht.

3. Grundmuster: Anklagen (vgl. Beispiel 36 c)

Beispiel 36 c
Vielleicht reagiert Ihr Kollege auch so:»Gut, dass wir darüber sprechen. Ich bin auch nicht zufrieden darüber, wie unsere Vorbereitung zur Veranstaltung läuft. Ich finde, du solltest dir mal in einer ruhigen Minute überlegen, welches deine Aufgaben hinsichtlich dieser Veranstaltung sind. Wenn du deinen Teil richtig gemacht hättest, hätten wir jetzt diese Probleme nicht und die Vorbereitungen unserer Veranstaltung wären bereits abgeschlossen ...«
Sie können nun folgendermaßen antworten:»Willst du damit sagen, es sei meine Schuld, dass du vergessen hast, den Chef umfassend zu informieren?«

Die Essenz der Reaktion auf das Grundmuster *Anklagen* ist also, den Schleier zu lüften. In den meisten Fällen wird das Anklagen nicht so offensichtlich sein, wie im Beispiel dargestellt ist, sondern zwischen den Zeilen oder über die Betonung erkennbar sein. Den Schleier zu lüften bedeutet, deutlich zu machen, was dahintersteckt. Die Kunst dabei ist, nicht in den Gegenangriff überzugehen.

4. Grundmuster: Rationalisieren (vgl. Beispiel 36 d)

Beispiel 36 d
Last but not least könnte Ihr Kollege auch so reagieren: »Ja, ich wollte es unserem Chef auch mitteilen, ich hatte ihm ja von der Veranstaltung bereits berichtet, als ich ihn letzte Woche bei einem Meeting getroffen habe. Ich habe da auch versucht, ihn über seinen Part zu unterrichten, hat aber nicht geklappt, weil er direkt weg musste zum nächsten Termin. Vor zwei Tagen wollte ich es eigentlich mit ihm besprechen, da kam mir aber eine Projektsitzung dazwischen, die ich noch vorbereiten musste. Und gestern hatte ich so viel zu tun, da habe ich es einfach nicht geschafft. ...«. Sie können nun folgendermaßen antworten:

»Ich kann schon verstehen, dass du viel um die Ohren hast, geht mir ja auch so. Fakt ist aber, dass du die Aufgabe übernommen hast, den Chef umfassend zu informieren. Es ist also in deiner Verantwortung.«

Multi-Tool

1. *Ablenken* ▶ Anregungen aufnehmen, ohne dem Ablenken nachzugeben
2. *Beschwichtigen* ▶ Bei der eigenen Einschätzung der Situation bleiben
3. *Anklagen* ▶ Den Schleier lüften, ohne anzugreifen
4. *Rationalisieren* ▶ Auf die Verantwortung des anderen verweisen

Die Essenz der Reaktion auf das Grundmuster *Rationalisieren* ist, den Gesprächspartner auf dessen eigene Verantwortung hinzuweisen, anstatt über all die echten oder vorgeschobenen Gründe zu diskutieren.

Der professionelle Umgang mit Reaktionen unter Druck ist wie ein Multi-Tool. Es hilft in sehr vielen Fällen, denn solche Reaktionen begegnen uns immer wieder, ob in Konfliktlösungsgesprächen, Schlichtungsgesprächen oder ganz normalen Diskussionen. Wir sollten es immer bei uns haben. Allerdings kann – ähnlich wie im Handwerksbereich – ein Multi-Tool die anderen Werkzeuge in unserer Toolbox natürlich nicht ersetzen.

Zusammenfassung

Wir haben in Kapitel 5–8 folgende Themen in den Blick genommen:

- ▶ Die Wirkprinzipien der Werkzeuge:
  - – Inhalts- und Beziehungsebene trennen
  - – Die Haltung muss stimmen
  - – Brücke bauen
  - – Vergangenheit und Zukunft trennen
  - – Ein Ziel fokussieren
  - – Mehrgängiges Menü statt Eintopf
- ▶ Fragenkatalog zur Analyse des Konflikts:
  - – Fragen zur Entstehung und Eskalation des Konflikts
  - – Fragen zur aktuellen Situation des Konflikts
  - – Fragen zur zukünftigen Situation
- ▶ Entscheidungsbaum zur Auswahl des passenden Werkzeugs
- ▶ Beispiele aus der Praxis zu den zentralen Werkzeugen (vgl. Abbildung Tools)

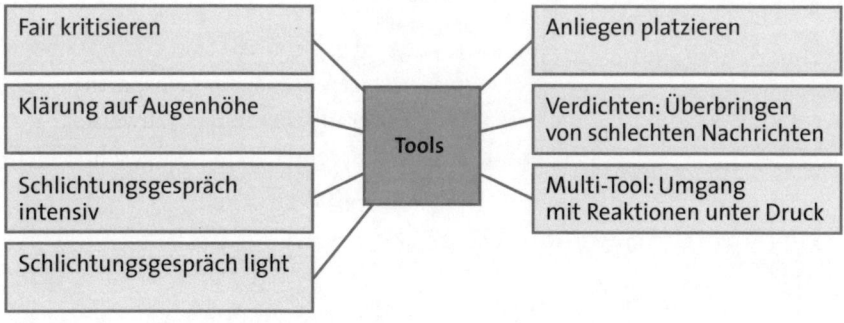

Abb.: Tools

Was ist nun entscheidend für die erfolgreiche Anwendung?

Entscheidend für den Erfolg von Konfliktlösungsgesprächen sind folgende Punkte:

- ▶ Erkennen, dass irgendetwas nicht richtig läuft
- ▶ Die angemessene Technik auswählen
- ▶ Gesprächsvorbereitung
- ▶ Gesprächsankündigung im richtigen Moment
- ▶ Durchführung des Gesprächs mit einem Vertrauensvorschuss
- ▶ Authentisch sein, dranbleiben – ohne alles zu wollen

Ausblick

Konflikte sind – nicht nur im Beruf – wie das Salz in der Suppe: Hat man zu viel davon, schmeckt die Suppe nicht, hat man zu wenig, ist sie fad. Dieser Vergleich macht einerseits Sinn, denn in der richtigen Menge bringen Konflikte Energie, frischen Wind und neue Ideen.

Andererseits ist der Umgang mit Konflikten nicht ganz so einfach wie der mit einem Salzstreuer. Viele Faktoren nehmen Einfluss: unterschiedliche Wahrnehmungen, Emotionen, Ziele, Bedürfnisse, der Wunsch nach Harmonie, das Streben nach Erfolg und nicht zuletzt die Kolleginnen und Kollegen, die anderen Menschen, die uns jeden Tag begegnen.

Kein Gespräch ist wie das andere, definitive Vorhersagen sind kaum möglich. Die Werkzeuge in diesem Buch sind nur effektiv in der Hand dessen, der dies nicht vergisst.

Die Toolbox zur Konfliktlösung ist angetreten, Ihnen an Beispielen aus der Praxis aufzuzeigen, wie Konflikte entstehen, weshalb sie eskalieren und mit welchen Werkzeugen man sie erfolgreich(er) lösen kann. Entscheiden Sie selbst, ob das Ziel erreicht wurde.

Wie in jedem Handwerksberuf braucht es auf jeden Fall Übung, um die Werkzeuge auch in schwierigen Situationen sicher einsetzen zu können. Nach dem Motto »Übung macht den Meister« wünsche ich Ihnen viel Erfolg auf dem Weg zur Meisterschaft!

Anmerkungen

1. Abraham Maslow (1982).
2. Nach Höher/Höher (2000).
3. Vgl. Paul Watzlawick (2003).
4. Die Zahlen stammen aus einer Untersuchung, die von Professor Ray Birdwhistle an der University of Pennsylvania bereits im Jahre 1970 durchgeführt wurde.
5. Ebd.
6. Der interessierte Leser kann dieses Thema unter dem Stichwort konstruktivistisches Modell der Kommunikation bei Paul Watzlawick (1993) und Heinz von Förster (1992) nachlesen.
7. Ebd.
8. Vgl. Thomann (1998). Das Modell von Christoph Thomann habe ich in einigen Punkten etwas abgewandelt.
9. Vgl. Jüster (2006).
10. Über den Zusammenhang zwischen Bedürfnissen und Motivation siehe Abraham Maslow (1982).
11. Vgl. Virginia Satir (2004).
12. Ebd.

Literaturhinweise

▶ Birdwhistle, Ray L.: Kinesics and Context: Essays on Body Motion Communication. Pennsylvania 1970.

▶ Höher, Peter/Höher, Friederike: Konfliktmanagement. Freiburg 2000.

▶ Jüster, Markus: Was ist systemisch in der Systemischen Teamentwicklung? In: Tomaschek, Nino (Hrsg): Systemische Organisationsentwicklung und Beratung bei Veränderungsprozessen in Organisationen. Ein Handbuch. Heidelberg: Carl Auer, 2006, S. 151–168.

▶ Maslow, Abraham: Persönlichkeit und Motivation. Hamburg 1982.

▶ Satir, Virginia: Meine vielen Gesichter. Wer bin ich wirklich? München 2004.

▶ Schulz von Thun, Friedemann: Miteinander reden (Band 1 u. 2). Reinbek 1989.

▶ Thomann, Christoph: Klärungshilfe: Konflikte im Beruf. Reinbek 1998.

▶ von Förster, Heinz: Sicht und Einsicht. Vieweg 1985.

▶ von Förster, Heinz: Einführung in den Konstruktivismus. München 1992.

▶ Watzlawick, Paul: Wie wirklich ist die Wirklichkeit? München, 21. Auflage 1993.

▶ Watzlawik, Paul/Beavin, Janet H./Jackson, Don D.: Menschliche Kommunikation. 10. Auflage. Bern 2003.

Der Autor

Dr. Rolf Schulz, MBA, geboren 1961, arbeitet als Berater, Coach und Dozent. Er ist Vorstand der Rolf Schulz HR Consultants AG mit Sitz in Baden-Baden.

Sein Unternehmen unterstützt mittelständische und große Unternehmen im Bereich Unternehmens- und Personalentwicklung.

**Unternehmen leistungsfähiger machen –
Menschen erfolgreicher machen**

Weitere Informationen unter www.rolfschulz.com